庆保平　编著

遇见朱鹮

西安出版社

图书在版编目（CIP）数据

遇见朱鹮 / 庆保平编著 . —西安 : 西安出版社，2024.7
ISBN 978-7-5541-7227-8

Ⅰ . ①遇… Ⅱ . ①庆… Ⅲ . ①朱鹮—普及读物
Ⅳ . ① Q959.708-49

中国国家版本馆 CIP 数据核字（2023）第 243200 号

遇见朱鹮
YUJIAN ZHUHUAN

庆保平 ◎ 编著

出 版 人：	屈炳耀
出版统筹：	贺勇华
责任编辑：	王　娟
责任印制：	尹　苗
装帧设计：	西安飞铁广告文化传播有限公司
出版发行：	西安出版社
社　　址：	西安市曲江新区雁南五路 1868 号
	影视演艺大厦 11 层
电　　话：	（029）85253740
邮政编码：	710061
印　　刷：	西安雁展印务有限公司
开　　本：	787mm×1092mm　1/16
印　　张：	14
字　　数：	200 千字
版　　次：	2024 年 7 月第 1 版
印　　次：	2024 年 7 月第 1 次印刷
书　　号：	ISBN 978-7-5541-7227-8
定　　价：	69.00 元

序 言

Foreword

当今朱鹮，何其有幸！

20 世纪 80 年代以来，朱鹮这一物种由濒临灭绝奇迹般地走向复生、兴旺，在世界生物多样性保护史上写下了光辉的一页。

朱鹮是与人类和谐共生的湿地鸟类，是大自然赐予人类的美丽精灵。她体态优雅，羽色粉白，漫步若天仙，蹁跹似彩虹，素有"东方宝石""吉祥鸟""爱情鸟"等美称。多年以来的研究证明，朱鹮的兴衰与生态环境质量的优劣息息相关，朱鹮已被国内外生物学界公认为重要的生态指示物种。

朱鹮从重新发现至今，已有 40 余年的保护拯救历程，其间得到国家各级政府的高度重视和国内外学术界的广泛关注。科研保护人员采用就地保护、易地保护、放归自然等保护策略，使全世界仅存 7 只的弱小种群得以迅速发展壮大。目前，已先后在陕西、河南、浙江、四川、河北和北京等地建立朱鹮家园 10 余处，通过国际友好交流与合作，帮助日本、韩国重建朱鹮种群多处，朱鹮的全球种群数量已达到 11000 余只，物种濒危局面基本得到缓解。朱鹮保护拯救模式成为中国乃至世界极危物种保护拯救的一个成功范例，受到国家各级政府和国际生物学界的高度评价。

《遇见朱鹮》一书，汇集整理了朱鹮保护研究 40 多年工作的珍贵资料，系统地向广大读者介绍了朱鹮的生态生物学习性和保护研究历程，充分展示了朱鹮野外监测与保护、人工饲养与繁殖、野化放归与再引入以及朱鹮生态文化等多方面的工作及所取得的阶段性成果。本书作者庆保平，系陕西汉中朱鹮国家级自然保护区管理局高级工程师，有 20 多年一线工作的实践经验和丰富的知识积累，全书采用纪实性与趣味性相结合的表述手法，历时两年精心编撰而成，将成为广大读者了解朱鹮、关注朱鹮的一部重要的科普读物。

　　曾经的失去，才唤醒了永久的珍惜！朱鹮作为生物多样性保护的旗舰物种，以其自身的发展历程，呼吁人们对生态环境的珍视和对自然的尊重与敬畏。在当前经济全球化、人口城镇化迅速发展的过程中，我们依然能够看到，一些地方因自然环境的剧烈变化造成的生态灾难，依然清晰可见朱鹮家园仍在退化和萎缩，朱鹮依然面临着很多生存危机，这些必须高度重视。

　　"绿水青山就是金山银山"，党的十八大以来，以习近平同志为核心的党中央高度重视、大力推进生态文明建设，把生态文明建设作为关系中华民族永续发展的根本大计，纳入中国特色社会主义事业总体布局，这是生态保护坚强的政治保障，是人类和朱鹮最大的福音。相信明天，生态环境将更加美好，人与自然将更加和谐，朱鹮必将拥有最为广阔的天地！

　　我们热切地期望通过这一读本，能使更多的人了解朱鹮，进而感召和激发世人持续关注朱鹮、亲近自然，共同呵护人与自然和谐共生的美好家园，使美丽、吉祥的东方仙子——朱鹮——永远成为和美世界的象征。

刘荫增

2023 年 11 月

张跃明 / 摄影

朱鹮

Crested Ibis

Nipponia nippon

朱鹭、红鹤、红牙、桃花鸟、红腿鹮等

朱鹮小档案

  朱鹮属鹳形目鹮科大中型涉禽，成鸟体重 1500—1800 克。成年朱鹮喙长而略弯曲，喙尖朱红色，其余部分黑色。头面部、下颌及蹠跖、爪部等裸露部分皮肤呈朱红色，虹膜橙红色。头后枕部生有柳叶状细长羽毛，形成冠羽。秋冬季节通体羽毛粉白色，春夏季节颈背部羽毛铅灰色。朱鹮羽毛羽轴橘红色，飞行时两翼腹面呈淡朱红色。

  朱鹮雏鸟的喙短而直，尖端肉黄色，身体裸露部分皮肤青灰色，通体羽毛浅灰色，冠羽稍短。随着日龄的增长，身体裸露部分皮肤逐渐由青灰色转变为橘黄色。雏鸟换羽以后，幼鸟的体型和形态与成鸟相似。

目录

Contents

第一篇
认识朱鹮
RENSHI ZHUHUAN

美丽的"鸟中仙"

珍贵的"东方宝石"

忠贞的"爱情鸟"

鸿运当头"吉祥鸟"

赵纳勋 / 摄影

第一章　初识朱鹮

　　"全身素羽，一抹丹红，身姿优雅，仙风神韵"是朱鹮给予每位初识者的第一印象。因其数量稀少，仙气十足，朱鹮被人们冠以"东方宝石""鸟中仙子"的美誉。

　　朱鹮的长相独特，有粉白色的羽毛、朱红色的面部和长足，汉中洋县当地人叫它"红鹤""吉祥鸟"。雌雄朱鹮终身固定为伴，简直是"一生一世一双人"的鸟界写照，因此它又被人们赋予了"爱情鸟"的美好寓意。

朱鹮初印象

　　小学语文教材中《朱鹮飞回来了》这篇课文是这样描写朱鹮模样的："这两只鸟儿背上的羽毛是洁白的，两颊则是鲜红鲜红的。它们的脑枕部呈柳叶状，长着一排突起的羽毛……"这是我们在懵懂孩童时期与朱鹮的"初见"。

　　"一袭嫩白，柔若无骨，在稻田里踟蹰是优雅的，起飞的动作是优雅的，掠过一畦畦稻田和一座座小丘飞行在天空是优雅的，重新落在田埂或枝头的动作也是一份优雅。这个鸟儿生就的仙风神韵，入得人眼就是一股清丽……"这是著名文学家陈忠实先生在《拜见朱鹮》一文中对朱鹮优美身姿和神韵的发自内心的赞美。"朱鹮的美，美到了优雅，美出了神韵！"这一印象由此便根植在我们的记忆中，欣赏朱鹮、了解朱鹮成了我们的心愿。

　　随着年龄的增长，我们迫不及待地通过图书、网络等媒介搜寻与朱鹮相关的知识，逐渐对朱鹮熟悉起来，脑海中朱鹮的形象更加丰满、鲜活、迷人。

一群朱鹮在江面飞翔　段文斌／摄影

朱鹮古称朱鹭，东亚特有物种。中等体型，体羽白色，羽轴橘红色，后枕部生长着柳叶形冠羽，额至面颊部皮肤裸露，呈朱红色。喙粗壮而稍弯曲，尖端红色，其他部分黑色。虹膜橙红色，跗跖及爪为鲜亮的红色。成年朱鹮体重1500—1800克，体长650—790毫米。

朱鹮是留鸟，栖息于海拔400—1200米的疏林地带，在高大的树木上筑巢和夜宿，在溪流、沼泽及稻田内涉水嬉戏。朱鹮主要以小鱼、泥鳅、蛙、蟹、虾、蜗牛、蟋蟀、蚯蚓、甲虫、半翅目昆虫、甲壳类动物和其他昆虫及其幼虫等无脊椎动物和小型脊椎动物为食。

一只朱鹮正在稻田觅食

一只朱鹮正在河流觅食　张跃明／摄影

朱鹮 2 岁性成熟，目前寿命最长纪录为 37 年。3—6 月是朱鹮的繁殖期，每年繁殖一窝，每窝产卵 2—4 枚，雌雄朱鹮共同孵化及育雏，孵化期约 28 天，雏鸟 40 日龄左右离巢出飞。

朱鹮曾广泛分布于中国、日本、俄罗斯远东地区和朝鲜半岛，由于环境恶化等因素导致种群数量急剧下降，至 20 世纪 80 年代，仅在我国陕西省南部的汉中市洋县残存 7 只野生种群，经过 40 多年的艰辛保护，种群数量已达到11000 多只（2023 年），其中野外种群数量突破 6650 只，自然分布面积超过16000 平方公里。

近年来，通过野化放归及再引入工程的实施，朱鹮野化种群迅速建立并日益扩大，朱鹮的分布地域已经从陕西拓展到甘肃、河南、浙江、湖南和日本佐渡、韩国昌宁等地。

朱鹮是一种稀有而美丽的鸟类，具有非常高的保护价值和观赏利用价值。朱鹮属鹳形目鹮科鸟类，在历史的长河中，它们是古老的"鸟仙"。从油页岩中发现的鹮类化石表明，鹮科鸟类生活在距今 6000 万年前，现存的仅有大约12 属 26 种。

朱鹮的名字

正如人类有大名和乳名一样，朱鹮也有学名和俗名。学名是指学术界对某个物种的专业称谓，简单来说，就是学术界对这个物种的统一称呼，便于科学研究，相当于我们的"大名"；俗名则带着与人类朝夕相处的情感，鲜活生动，口口相传，类似于我们的"乳名"。

现今学术界通用的朱鹮学名为 Nipponia nippon，这是 1922 年日本鸟类学会给朱鹮的定名。命名为 Nipponia nippon 的主要原因是朱鹮最早的模式标本采集于日本，而当时国际上有以物种的最初发现地为其命名的惯例。

飞翔的朱鹮　张跃明 / 摄影

朱鹮的学名几经变化。1835 年，荷兰莱顿博物馆馆长特明克（Temminck）将博物学家西博尔德（Siebold）从日本带回的朱鹮标本与其他鹮类标本比较后，发现朱鹮与其他鹮类外形和大小十分相似，将其归类为 *Ibis* 属，命名为 *Ibis nippon*。1844 年，英国动物学家格雷（Gray）曾用 *Geronticus nippon* 表述朱鹮。1852 年，德国学者莱辛巴赫（Reichenbach）设立了一个新属 *Nipponia*，将朱鹮命名为 *Nipponia temminckii*。1872 年，戴维（David）在我国浙江获得了朱鹮标本，根据浙江当地人对朱鹮羽毛均为灰色的描述，将其定为一个新种，命名为 *Ibis sinesnsis*。一年后，斯文豪（Swinhoe）掌握了更为充分的资料，认为朱鹮春夏季节羽毛灰色，冬季为白色，同时指出戴维命名的 *Ibis sinesnsis* 并非新种。1922 年，日本鸟类学会根据英国动物学家格雷的意见将朱鹮定名为 *Nipponia nippon*，一直沿用至今。

朱鹮画像

朱鹮是东亚特有物种，其主要分布区域在历史上同属汉文化圈，因此老百姓对朱鹮的称呼虽不尽相同，但仍有很多相似之处，即多以朱鹮的外形特征、生活习性等来命名。

在我国，人们多根据朱鹮的飞翔姿态、外形特征等和其他鸟禽的相似之处进行命名。西汉司马迁的《史记》是最早记载朱鹮的典籍，《司马相如列传》中将其称为"䴉目"。而后，班固的《汉书》将《史记》中的"䴉目"记载为"旋目"。唐代的司马贞在《史记索引》中写道："荆郢间有水鸟，大如鹭而短尾，其色红白，深目，目旁毛皆长而旋……"这是古人对朱鹮形态的最早记录。宋代罗愿的《尔雅翼》记载《禽经》中有"朱鹭不吞鲤"之说，是对朱鹮食性的最早记录。明代梅膺祚在《字汇》中记载："鹮，音还，绕飞也，又䴉目，水鸟也。"《字汇》明确了朱鹮"鹮"字的读音。汪颖的《食物本草》谓："朱鹭即红鹤，与白鹤相类而色红。"清代以后，我国各地方志的物产项中记载的红鹤、红牙、红鹅等，多指朱鹮，如《黄安县志》有"红鹅则系红鹤之伪称……"，《盛京通志》有"红牙，背白，翅微红，羽亦可作翎箭"，这些都是佐证。故在我国，朱鹮有䴉目、旋目和红鹤、红鹭、朱鹭、红鹅、红牙、凤头鹮等称谓。

在日本，人们则多以朱鹮的羽色、形态、鸣声和引入地来命名。日本关于朱鹮的最早记录见于《日本书纪》中的"将绥靖天皇葬于倭国桃花鸟田丘上陵""将垂仁天皇葬于身狭桃花鸟坡""将宣化天皇葬于大倭国桃花鸟坡上陵"，日本将朱鹮称为"桃花鸟"也由此而来，三位天皇归葬于以"桃花鸟"命名的地方，足可见在日本历史上皇室对这种鸟的钟爱程度。到了中世纪，许多古籍中关于朱鹮的说法逐步增多。《任二集》中有"渴望得到秋田稻负鸟羽，催木叶露染"的诗词。《明月记》书稿中肯定了"稻负鸟"即为朱鹮的说法。《色叶和难》中有"稻负鸟者，鸨之谓也"。稻负鸟一说源于该鸟的羽毛为粉红色，

孤寂的日本朱鹮

尤似焦茶色，是稻熟之色，秋收时节立于田，状似稻捆悬负，故此而名。广岛的朱鹮是由上田主水引入的，因此也被称为主水鸟。综上，朱鹮在日本有桃花鸟、红鹤、朱鹭、稻负鸟、鸨、太宇、鸹、烂鼻子、主水鸟等称谓，但多数日本人则习惯于将生长着类似桃花色粉白羽毛的朱鹮称为"桃花鸟"。

俄语朱鹮的俗名多以产地命名，如中国鹮、日本鹮、乌苏里江鹮，此外还有以外形特征而称的红腿鹮。朝鲜半岛对朱鹮的俗称多沿用日本的称谓。

虽然朱鹮的学名为 *Nipponia nippon*，但时至今日，日本朱鹮仍被记录为"卜キ"，汉文注释仍沿用"朱鹭"二字。在中国，20 世纪 50 年代初，我国鸟类学奠基人郑作新先生在主持编著《中国鸟类名录》时，鉴于朱鹮和白鹭在近代鸟类分类学上分别属于鹮科和鹭科，是截然不同的两个科，为了不被混淆误识，将原有中国古籍中记名的朱鹭更名为朱鹮，这就是朱鹮之名的来历，也是近现代最被人接受、使用最广的朱鹮称谓。

美好的寓意

人们喜爱朱鹮，并赋予了它美好的寓意——吉祥鸟和爱情鸟。

秋冬时节的朱鹮最为漂亮。成年朱鹮通体羽色粉白，头枕部柳叶状冠羽飘逸，黑色的长喙粗壮且微微弯曲，嘴尖丹红，头面部、腿部和爪子等裸露部分的皮肤为朱红色。双翅飞羽及尾羽的羽轴橙红色，将整片羽毛渲染成粉红色，飞翔在秋日的阳光里，翅下熠熠生辉，宛如流光，又似朝霞，煞是好看。

朱鹮生性机警，一旦有人靠近，就迅速扇动翅膀腾空而起，飞向远方。飞翔时的朱鹮，双翅展开，低头颔首，颈部向前平伸，两腿后伸藏于尾下，时而扇动翅膀，时而缓慢滑翔，十分优雅自在。飞翔的朱鹮翅下闪烁着一片绯红，在阳光的照射下更加明丽、惊艳，宛如一抹惊鸿，绝尘而去。

沐浴在阳光中的朱鹮衔着草团飞向巢树　张跃明 / 摄影

朱鹮经常出双入对，有"爱情鸟"的美誉　张跃明／摄影

　　朱鹮体型与鹤相似，身披粉红色"外衣"，人们通常叫它"红鹤"，在洋县"鹤"与"火"谐音，所以当地人习惯性地叫它"红火"，寓意着红红火火。民间传言，朱鹮在谁家房前屋后筑巢繁殖或集群夜宿，这家必然人丁兴旺、诸事大吉。又因为朱鹮头部裸露皮肤为朱红色，绯红的双翅，飞过人们头顶时如红霞笼罩，祥云加身，人们认为这是鸿运当头的吉兆，能给人带来无限的好运，故将朱鹮称为"吉祥鸟"。

　　朱鹮长相美丽，本就惹人怜爱，加之人们经常见到它们成双成对活动，夫唱妇随，亦步亦趋，繁殖期如此，游荡期亦如此，始终不离不弃。虽说这是朱鹮的生存繁衍习性，但也不禁令渴望美好爱情的人们心生向往。

繁殖期到了，朱鹮开始通过"自由恋爱"选择心仪的对象，结为夫妻，共建爱巢，共同孵化、哺育后代。即使在秋冬季的游荡期，虽然集大群夜宿，但朱鹮夫妻仍成双入对，早出晚归，一起飞翔，一起觅食，一起夜宿，闲暇之余还不忘相互梳理羽毛，耳鬓厮磨，"秀"一场恩爱。

朱鹮的情感是真挚、执着、热烈且长久的。它们很"怀旧"，夫妻有使用旧巢繁殖的习性，如无意外，朱鹮夫妻年年会在同一地方同一棵树的同一位置筑巢繁衍后代。"归家"的意义，在朱鹮身上体现得淋漓尽致。朱鹮一旦丧偶，苟活的一方总是郁郁寡欢，时常悲凉鸣叫，此后只身离开巢域，不再归来。没人知道那只孤独的朱鹮会飞往何处，是生还是死，只留下树上的空巢见证着它们忠贞的爱情。

人们感动于朱鹮夫妻的生死不渝、恩爱白首，憧憬和歌颂这样的爱情。因此，世人便将朱鹮当作忠贞不渝的爱情的化身，称它为"爱情鸟"。

朱鹮亲鸟与巢中的卵　胡成弟 / 摄影

第二章　朱鹮的生活习性

"翩翩兮朱鹭，来泛春塘栖绿树。羽毛如翦色如染，远飞欲下双翅敛。避人引子入深堑，动处水纹开滟滟……"盛唐诗人张籍勾勒出了一幅动人的朱鹮画卷。从诗人的笔下，我们可以看出朱鹮的生活习性。"春塘""绿树""水"，高度概括出了朱鹮的生存环境。

朱鹮属大中型涉禽，栖息、繁殖于疏林地带，在溪流、沼泽及稻田等湿地内涉水嬉戏和觅食。朱鹮每年繁殖一窝，每窝产卵 2—4 枚，由双亲孵化及育雏，孵化期 28 天，育雏期 40—45 天。

在洋县当地，朱鹮为留鸟，但还保留着季节性迁移的习性。每年 1 月下旬，成年朱鹮陆续进入繁殖地，开始选择配偶和巢树；3 月开始营巢产卵、繁育后代；6 月下旬，带领繁育的幼鸟离开巢域向低海拔区域迁移，通常集大群活动；10 月下旬，大群解体，成年个体开始向繁殖地移动，直到次年 1 月到达繁殖地。如此，周而复始。

朱鹮的食性与取食方式

朱鹮是肉食性动物，偶尔采食极少量的植物嫩芽、籽实或根茎。通过长期的观察和对死亡个体胃内容物的鉴别和分析，发现朱鹮的主要食物为泥鳅、黄鳝、小鱼、小虾、田螺、贝壳、螃蟹、蛙类和部分昆虫的成虫及幼虫。

朱鹮的食物种类随季节变化和觅食地的不同而产生细微变化，繁殖期的朱鹮主要在营巢地附近的冬水田和溪流取食，食物多以泥鳅、黄鳝、田螺、蛙

一群朱鹮在汉江低头觅食　张跃明 / 摄影

和水生昆虫为主。秋冬季节，处于游荡期的朱鹮主要在河流湿地和部分农田觅食，食物以鱼虾、螃蟹和一些昆虫的成虫及幼虫为主。寒冷的冬季，在食物极端短缺的情况下，朱鹮偶尔会采食一些植物的嫩芽、籽实或根茎充饥。

朱鹮的觅食行为集中在上午六点到十点和下午四点到六点。研究人员将朱鹮的觅食行为分为取食、休息、理羽和其他行为等四种类型，其中取食行为占比高达 59.9%，也就是说朱鹮一天中有一半以上的时间都在忙着寻找食物和不停地进食，可谓是妥妥的"吃货"一枚。这是由于朱鹮独特的生理结构所决定的，它没有像鸡、鸭等家禽那样可暂时贮存食物的嗉囊，取食后食物直接到达胃部开始消化，且由于消化道较短，消化能力强且速度快，因而必须多次进食才能维持身体生理活动对能量的需求。为此，它们舍不得丢弃一丁点儿到口的食物，即使"返家"也不忘带上。这也是许多观鸟爱好者常常看到返回夜宿地途中的朱鹮口中仍衔着食物飞翔，被戏称带着"夜宵"回家的原因。

朱鹮主要依靠喙的触觉取食湿地中的水生生物。朱鹮的喙长而粗壮，喙尖分布着敏锐的触觉神经，取食时，长长的喙微微张开，伸入水下或插入软泥

带 "夜宵" 回家的朱鹮　柯立 / 摄影

中，朱鹮来回晃动脑袋，左右探索，当感觉到食物存在后迅速夹住拖出。朱鹮喜食洁净的食物，刚出水面和泥地的食物常被朱鹮叼住，带到岸边反复摔打、啄击，待其不再挣扎或昏死后，像涮火锅一样夹入水中反复涮洗干净后才吞咽。因此，个别假装死亡的动物往往会从朱鹮口中逃脱，只留下它傻傻地观望。

朱鹮靠触觉取食的方法与白鹭、苍鹭等鹭科鸟类依靠敏锐视觉捕食的方式相比略显 "辛苦"。在同一片水域中，人们常见朱鹮在浅滩中 "埋头苦干"，努力地寻找食物，慢条斯理地取食；而白鹭等鹭鸟则是静静地站在一旁，一动不动地凝视着水面，看见鱼儿活动后迅速飞起捕食，两者形成了巨大的差异。

在稻田取食黄鳝的朱鹮

朱鹮吃大鱼　张跃明 / 摄影

汉江是朱鹮重要的觅食地　段文斌/摄影

朱鹮的觅食地

我们熟悉了朱鹮吃什么，怎么吃，还有一个疑问：它们在哪里吃东西呢？这就要讲到朱鹮的"食堂"——觅食地。

湿地是朱鹮的主要觅食场所，分为天然湿地和人工湿地，细分为河流湿地、农田湿地和塘库湿地等。在不同的季节和环境下，朱鹮对觅食地的选择和利用情况也不尽相同，如夏末秋初，朱鹮主要在河流、滩涂等天然湿地和塘库类型的人工湿地觅食；冬春时节，朱鹮则主要在农田、水田等人工湿地中取食。

鸟类学家指出，水鸟的觅食地受到一系列变化着的因素影响，包括种内和种间竞争、能量需求、营巢和迁徙的季节和时间、取食模式、食物丰富度、当地水文状况、植被覆盖和散布程度、适宜的营巢地和夜宿地的距离、与其他觅食地的距离、天敌、分布模式等，而这些因素并非一成不变。朱鹮是涉禽，属于水鸟，对觅食地的选择也与上述因素相关。

朱鹮妈妈带领幼鸟在汉江觅食　张跃明／摄影

　　总体来说，在汉中朱鹮觅食地多集中在海拔 600 米以下的汉江及其支流，这一区域存在大量的水田、水库、池塘等人工湿地和河流、滩涂等天然湿地，食物资源相当丰富。2014 年调查结果显示，朱鹮觅食地中水田占比 70%，河流 20%，其次为滩涂 5%、塘库 3%，而草洲和旱地共占 2%。但是随着近年朱鹮向汉江及其支流等低海拔区域活动的逐年加剧，朱鹮觅食地中河流、滩涂等天然湿地的占比也逐年增大，天然湿地生态环境质量的好坏对朱鹮生存的影响也会越来越大。

　　如何在最短的距离、花费最少的时间到达最佳的觅食地，取得足够的食物以满足自身生理需求和繁衍生息需要，对朱鹮而言至关重要。因此，朱鹮夜宿地、营巢地的位置与觅食地的距离也影响着朱鹮对觅食地的选择。朱鹮保护研究专家丁长青教授团队在 2000—2002 年间，对 37 只朱鹮（约占种群数量的 30%）400 多次的觅食情况进行了观测，计算出了朱鹮巢址或夜宿地到

觅食地的距离。即朱鹮在越冬期（1—2月）的觅食距离为1.5—4千米，繁殖期（3—6月上旬）的觅食距离为0.2—1千米，繁殖后期（6月中旬—7月上旬）的觅食距离为0.5—2.5千米。也就是说，朱鹮觅食多集中在距繁殖地、夜宿地1—3千米范围内。朱鹮不同生活阶段的觅食距离有一定差异的主要原因是：越冬期朱鹮逐渐由游荡期的平原地带向繁殖期的低山丘陵地带迁移，觅食地比较分散，觅食地距夜宿地较远，因而觅食距离较长；繁殖期朱鹮主要在巢树附近的冬水田觅食，觅食地相对固定且距离巢树较近，因而觅食距离相对较短；繁殖后期，营巢地附近稻田封陇、食物资源匮乏，离巢出飞的幼鸟在亲鸟的带领下，从高海拔的低山丘陵地带向低海拔的汉江河谷和平川地带活动，朱鹮觅食范围逐渐扩大，觅食距离随之变长。

朱鹮的繁殖地

根据朱鹮的生活习性，通常将朱鹮生活的地方分为觅食地、繁殖地和夜宿地三大类。如果说觅食地是朱鹮的"食堂"，那么繁殖地一定是朱鹮的"家"。

选择在哪里筑巢安家，生儿育女，是"鹮生"中的大事，这关系到家庭的稳定、种族的繁盛。因此，朱鹮对营巢地的选择极为苛刻，高大的林木、大片的湿地、静谧的环境，三大要素一个都不能少。繁殖地环境质量的优劣，直接决定了朱鹮繁殖的成功与否和雏鸟的成活数量及生长发育状况。因而营巢地的选择对朱鹮而言是一件较为费时的事情，通常情况下，一对朱鹮夫妇从进入繁殖地到确定好营巢树和巢位，往往要花费2—3个月的时间。

朱鹮的繁殖地主要为针阔混交林、阔叶林和少量针叶林。营巢树种主要为松树、榆树和少量的栎树、杨树等。营巢地多集中在平坡、缓坡和斜坡地带，且多在向阳的坡向，如东坡、南坡、北坡和无坡向地带，相对阴暗的西坡、西北坡、西南坡则利用得很少。总体而言，朱鹮多将巢址选择在依山傍水、背风向阳、树冠枝丫疏密适当的高大乔木上。

在山村农户屋后大树上营巢的朱鹮 张跃明 / 摄影

传统的朱鹮繁殖区多位于中低山区，海拔 700—1200 米，山峰高度 500 米左右，坡度 40° 以上。森林覆盖率 60% 以上，多为针阔混交林和落叶阔叶林，优势树种为栎类、松类。沟深谷幽，气候较为寒凉，日照时间短，年积温较低，农作物一年一熟。人口密度小，交通不便，环境闭塞。沟谷内散落着零星人家，沟内有一定面积的水田，环境基本未受污染。

近年来，随着低海拔平原地带居民炭薪用量的减少和建筑用木材需求的降低，树木砍伐日益减少，加之人们环境保护意识逐渐提升，平川地区生态环境质量持续好转，丛生的次生林斑块和汉江防护林带郁郁葱葱，同时该区域存在大片的天然湿地和面积巨大的水库、农田等人工湿地，成为朱鹮新的理想的繁殖环境，朱鹮的繁殖地逐渐由中高海拔的低山丘陵地带向低海拔平原河谷地带过渡。

2014 年，通过对 209 个朱鹮巢址的分析研究，发现朱鹮的巢主要分布在海拔 500—800 米的丘陵和低山地带，占比达 76.3%，与 5 年前朱鹮巢址信息对比，繁殖地有持续向低海拔区域转移的趋势。

朱鹮筑巢孵卵　张跃明／摄影

　　朱鹮对繁殖地的林地、水田、河流等营巢地周边区域的利用率都较高。虽然繁殖期的朱鹮通常只利用营巢树周边的小面积林地，但在繁殖后期，部分朱鹮也会在营巢树附近的树林中集群夜宿。巢区的冬水田和溪流是朱鹮繁殖期的主要觅食地，整个繁殖期朱鹮都在此觅食。巢树周边区域通常是朱鹮停歇、休憩的地方。这也说明朱鹮喜欢在这些地方活动，对这些地方具有较强的依赖性。

朱鹮的夜宿地

　　那么，朱鹮的夜宿地在哪里？它们都在哪儿睡觉呢？

　　每年的 7 月，朱鹮双亲带着儿女离开巢域来到汉江沿岸广阔的平川地带活动，进入一年一度的游荡期，它们白天外出觅食，晚上集群夜宿，直至 11 月大群解体。朱鹮的夜宿地多位于海拔 400—800 米植被良好的人工林和次生林带。村落、河流、塘库周边，林木生长良好、背风向阳、视野开阔的林地是它

秋季 10 余只朱鹮准备在一棵榆树上集群夜宿　张跃明 / 摄影

们的首选。朱鹮对夜宿地环境的选择几近苛刻，既要距离觅食地近，还要树木高大，同时还要环境安静干扰小。夜宿地周围或是一侧空间开阔，若遇袭扰，朱鹮会迅速向开阔地带飞离。它们日出时分成群离开，日落时刻陆续返回，天天如此，亘古不变。

2014 年，研究人员通过对朱鹮 23 个夜宿地的分析发现，朱鹮夜宿的林地类型主要为阔叶林、针阔混交林及少量针叶林，朱鹮钟情于在高大的松树、杨树、榆树上夜宿。这些树木在当地分布广且成林较多，树木高大，树冠发育良好且枝丫间隙相对开阔，非常适合朱鹮夜宿。朱鹮的夜宿地多位于村落、塘库附近。从地貌情况来看，朱鹮的夜宿地主要分布于低山、平原和丘陵地带，集中分布在海拔 450—600 米之间，这与朱鹮对夜宿地的使用主要集中在游荡期息息相关。

朱鹮在夜宿地选择上，对坡向没有任何偏好，夜宿地在各个方向上分布得比较平均。但在坡度上，朱鹮喜欢视野开阔的平坡和人为活动干扰小的陡坡及斜坡位，大部分朱鹮选择在下坡位和中坡位夜宿。

朱鹮常与鹭科鸟类共用夜宿地，近一半的朱鹮夜宿地存在鹭科伴生鸟类，白鹭是绝对优势伴生种，其次为鸬鹚和苍鹭等。朱鹮通常会持续使用夜宿地，但连续遇到天敌袭扰和人为干扰后往往会另觅夜宿地。夜宿时，朱鹮一般栖息在高大乔木的中部和上部，白鹭则较多地栖息于相对低矮的树木上。10月中旬，成百只朱鹮与数百只白鹭同时栖息在同一片树林中，朱鹮栖于高枝，其下白鹭点点，远看粉白一片，蔚为壮观。

朱鹮的一天

"日出而作，日落而息。"这不仅是勤劳的人类的生活写照，也是朱鹮一天的生活节律。

早上天刚蒙蒙亮，朱鹮就从巢中飞出，前往觅食地。到达觅食地后，它们一般先在空中盘旋几次，审视地面有无异常，然后才落下，再次确认安全后才开始觅食。春夏季清晨，从夜宿地飞到觅食地后，朱鹮会尽快投入采食行动；严冬季节，它们到达觅食地后，先在附近的树上停歇一会儿，待气温回升后，方才飞进觅食地觅食。

在饥饿状态下，朱鹮的觅食频率较高，每分钟 20 次左右；半饥饿状态时，每分钟采食 10 次左右；食欲不旺盛时，每分钟啄食次数在 5 次以下。朱鹮的采食所需时间因觅食地的食物丰富度和采食难易程度不同而存在较大变化。如果觅食地饵料丰富，它们 15—20 分钟就能吃饱休息，在这种地方，即使受到惊扰，它们也只是短暂离开，不久之后又会绕回到原处并继续觅食。当食物不足时，它们就不得不花费大量的时间去寻找食物，很多情况下一天要辗转两三个取食地。如果觅食地食物不足又受到干扰时，朱鹮便会警觉地扑棱着翅膀飞向其他地方觅食。取食累了或吃饱之后，朱鹮就会飞到觅食地附近的地坎、岸边或树上休息。休息时多缩颈静立，有时向后曲颈，把喙和脸插进肩羽或背部羽根之中，

在草地上休息的朱鹮　柯立／摄影

朱鹮休息时多保持单腿站立的"金鸡独立"姿势，在严寒的冬季偶见双腿弯曲卧在树枝、曲颈将喙藏于羽毛之中的休息姿势。朱鹮在树上休息的时间略长于地坎上的时间，最长可达4—5小时，多数为一次2—3小时。

朱鹮在觅食的时候，难免会被天敌偷袭或干扰。但是朱鹮是一种非常聪明的鸟，它们懂得与鹭科鸟类共同生活，让更为机警敏锐的鹭科鸟类给自己站岗放哨，自己则专心觅食。在朱鹮觅食地，我们经常会看到朱鹮和白鹭在一起觅食的场景，朱鹮只管低头觅食，白鹭则在扫视周围环境的同时紧紧盯着朱鹮，伺机抢夺食物，而朱鹮基本上不怎么驱赶白鹭。研究发现，白鹭相当机警，它们的警戒距离高于朱鹮，能比朱鹮更早地发现天敌，朱鹮和白鹭在一起之后，白鹭间接地充当了"哨兵"的角色，朱鹮与白鹭的混合群体的警戒距离也由单纯朱鹮群体的50米提高到60米以上。有白鹭这个"哨兵"在，朱鹮会有更多的时间把头埋进水里或者泥里安心取食，尽管在取食过程中会被白鹭抢去部分食物，但对朱鹮而言，用这点损失换取更多的觅食时间和安全环境，是十分划算的交易。

受到干扰的白鹭迅速飞离，一只朱鹮半蹲状随时准备起飞　张跃明 / 摄影

天气晴朗的日子，饱食后的朱鹮就踱步到水田水坑、河流或水渠的浅水区，进行洗浴。冬季一般在午后的一点到四点；春季除了午后，上午也在洗浴。非繁殖季节，朱鹮每次只需 5 分钟左右就完成了洗浴。洗浴时，朱鹮缓步走入水中，微微弯曲双腿呈半蹲状，首先将头颈部伸入水中，旋即迅速探出水面，接着用双翅快速拍打水面，让水花溅落到身上，然后用长长的喙来回梳理背部、双翅和腹部羽毛，再抬起一条腿用爪子梳理头颈部羽毛。如此反复几次后，离开水面，站到岸上或停歇在树上，迅速抖动全身，甩掉身上的水珠，然后再次慢慢梳理羽毛。

在繁殖季节，朱鹮洗浴的过程会延长，因为多了一项给羽毛摩擦上色的工作。在洗浴中和洗浴后，它们会扭转脖子，用头颈部在背部和双翅背侧反复摩擦羽毛，使其沾染上颈部分泌的黑色物质，将羽毛染成铅灰色。这种搓擦涂抹动作大约进行 20 分钟，此时羽毛为半干状态，其后开始持续约 25 分钟的理羽，直到羽毛全干。朱鹮通过洗浴后的涂抹着色行为，完成繁殖羽羽

在河水中洗浴的朱鹮 张跃明 / 摄影

色的变化。朱鹮完成水浴、涂抹着色、理羽一系列洗浴动作，大约需要 45 分钟至 1 个小时。洗浴不仅可以使朱鹮保持外观的洁净，还能有效地减少其体表寄生虫数量，减轻寄生虫袭扰，有利于健康。洗浴后，多数朱鹮会相互理羽，维系感情，增进交流。

朱鹮在日落前开始返回夜宿地。返回前觅食行为逐渐变得不稳定，一会儿离开觅食地，一会儿又返回觅食，呈现出"心神不宁"的状态。继而出现"打哈欠"，曲蹲，站起，整羽行为。不久，发出较低的"ge-ge"声，稍停发出高昂的"gu-gu"声，并向夜宿地的方向飞去。若为群体活动时，一只朱鹮先发出"ge-ge"声，其他个体紧跟着也发声回应，随后伴随着阵阵"ge-ge""gu-gu"声，一群朱鹮排成"∧"形、"一"字形，一起向夜宿地的方向飞去。抵达夜宿地后，多数个体会先围绕夜宿地盘旋一周再依次进入，也有因某种原因回到一个夜宿地停歇一会儿又飞向他处夜宿的现象。

傍晚，成群结队匆匆赶回夜宿地的朱鹮并不马上休息，它们仍在不停忙碌，

进行着睡前的"狂欢"——争夺栖位、理羽、鸣叫，一系列热闹的"夜生活"之后，朱鹮才会渐渐安静下来，进入梦乡。

争夺栖位，就是抢夺合适睡觉的地方，通常发生在适宜栖位相对不足时，朱鹮会为获得更好的空间资源和稳定群内等级秩序而进行争斗，争斗的方式主要为打嘴和啄击。发生打嘴争斗时，两只朱鹮对面而立，喙部交叉，剧烈摇晃头部，用喙互碰，同时发出连续剧烈鸣叫。啄击行为主要发生在栖息的一方对付侵入一方时，通常为猛啄入侵者的跗跖和爪部，偶尔啄击其头部和背部。争斗失败的个体低头，竖立冠羽，而后通过跳跃或飞行更换栖位。

鸣叫是一种个体间的联络方式，有着重要的听觉通信作用。鸣叫常常发生在晚归的单个朱鹮进入夜宿地和清晨集体离开夜宿地时，通常表现为某只朱鹮发出断续而低沉的鸣叫，紧跟着其他朱鹮用鸣叫回应。清晨，当大多数个体参与鸣叫时，在同一觅食地或觅食地方向相同的朱鹮会结群飞离夜宿地。

夜宿时，朱鹮还会整理羽毛。这种行为分为独自理羽和相互理羽。相互理羽时，一只朱鹮走近另一只朱鹮，用喙轻轻碰击对方，同时发出声声低鸣。被触碰者抬头仰喙，任由前者以喙碰触自己的下颌、上颌、头部和颈部等部位的羽毛，安然地享受对方为其理羽，稍后后者再为前者理羽。同性朱鹮之间的理羽行为通常由等级稍低的个体发起，异性之间的理羽行为则由雄性率先发起。

忙碌的一天终于结束了，朱鹮群内逐渐安静下来，有些朱鹮还在埋头整理羽毛，有些朱鹮已经进入了梦乡。朱鹮睡觉有两种姿势，一种是头颈转向背部，把喙部插入背部羽毛中；另一种是缩颈垂头，将喙埋在胸前。无论哪种方式，它们多采用金鸡独立的姿势，站在树枝上睡眠。在寒冷的季节，偶尔能见到朱鹮缩颈垂头，将喙埋在胸前，用腹部羽毛遮盖住跗跖和爪部，卧在树枝上睡眠。

朱鹮集群夜宿是适应性行为，也是其利用栖息地的一种重要形式。集群夜宿活动有利于降低被天敌捕食的风险，群出觅食更能提高其觅食效率。集群

秋季朱鹮夜宿时的不同"睡姿"　张跃明/摄影

夜宿时，不同繁殖地的朱鹮聚集在一起，可以增进不同巢区个体间的交流，有利于到达繁殖年龄的朱鹮找到彼此心仪的对象，防止近亲繁殖导致生存能力下降。这对其种群发展十分有利。

朱鹮的日常活动规律与天亮、日出、日落、天黑等节律有关。它们通常在天亮后飞离夜宿地活动，在天黑前陆续飞回夜宿地夜宿。朱鹮的最早飞出时间是在夏至时节，约为 05：40，最晚在冬至时节，在 07：40 左右；最早完全飞回时间为 17：40，最晚为 20：02。飞出、飞回时间还与天气情况密切相关，阴天飞出时间较晚，飞回较早，晴天则相反。冬季飞出时刻稍早于日出，夏秋季节多在日出后飞离。朱鹮全年的飞出夜宿地时间在日出前后 10 分钟内最活跃，日出前后 15 分钟，基本上绝大部分个体完全飞出夜宿地。

年复一年

根据有无迁徙习性，科学家将鸟类分为留鸟和候鸟两大类。留鸟终年生活在它们出生的区域里，如老鹰、麻雀、喜鹊、乌鸦等。候鸟则随季节变化沿着固定的路线在繁殖地和越冬地之间进行周期性的迁徙，如天鹅、丹顶鹤、赤麻鸭、燕子、黄喉鹀等。也有一些候鸟，因为栖息地环境改变而变成留鸟。

迁徙是鸟类受到外界各种环境条件、季节等变化而引起的一种适应性反应。大多数鸟类会迁徙，有些鸟甚至可以跨越大半个地球完成迁徙，如燕子、北极燕鸥等。专家认为曾经分布在西伯利亚南部、日本北海道及其东北部和中国东北部的朱鹮为夏候鸟；分布在朝鲜半岛和中国华北、华东的朱鹮为冬候鸟或旅鸟；而分布在中国华中、西北地区和日本南部的朱鹮为留鸟。

如今的野生朱鹮仅残存在陕西省汉中盆地的洋县、城固、南郑、勉县等地狭小的空间内，常年活动于出生地及其周边区域，是留鸟，这与专家认定的历史上分布在我国华中、西北的朱鹮为留鸟的结果相符。但是这些朱鹮却又保留着类似候鸟的某些特征，比如它们会随着季节的变换在繁殖地和越冬地之间有规律地穿梭。

研究人员根据朱鹮的年活动规律，将其年周活动分为繁殖期、游荡期和越冬期。

繁殖期，成年朱鹮在 1 月下旬从低海拔活动区陆续到达中、高海拔繁殖地，开始选择合适的营巢地点和巢树，2 月份完成求偶、配对并开始筑巢，3 月中旬至 4 月上旬产卵孵化，5 月上旬至 6 月中旬育雏。6 月下旬开始，幼鸟相继离巢出飞，在繁殖地活动一段时间后，开始向丘陵、平川地带移动。繁殖期的朱鹮在营巢地附近的冬水田、河流和沟渠中觅食，在巢中或巢树上过夜，幼鸟离巢前亲鸟开始在巢附近的树上夜宿并准备离开巢区。

7 月下旬，朱鹮亲鸟带着离巢的幼鸟陆续从较高海拔的巢区迁移到低海拔的平原丘陵地带活动，进入游荡期。游荡期初期（7月上旬至8月上旬），朱鹮以小群分散觅食、夜宿。8月中旬以后，朱鹮逐渐集大群活动，在9月中旬至10月上旬达到集群高峰。游荡期初期的朱鹮主要在汉江及其支流觅食，游荡期中后期多在水库、滩涂、水稻收获后的农田觅食，偶尔转移到秋收后的旱地活动。游荡期朱鹮白天的活动范围较大，夜晚则集群夜宿。主要夜宿在汉江沿岸的带状人工林和丘陵地带斑块状丛生的次生林，较大且稳定的夜宿地有雷草沟、堰沟河、石门水库、清凉水库、蔡河等。

10月中下旬，朱鹮游荡期集的大群逐渐解体，又分成小群活动，11月下旬以后繁殖个体逐渐从平原、丘陵低海拔区域向海拔较高的繁殖地活动，直到1月下旬陆续到达繁殖地。越冬期是游荡期和繁殖期的中间过渡期，此时朱鹮活动区域在地理位置上也介于游荡区和繁殖区之间。这一时期，朱鹮的觅食地主要是丘陵和浅山地带的莲藕田、冬水田和排水后的水库、池塘等，此时朱鹮的夜宿地也经常变化。越冬期少量的亚成体朱鹮会随着成鸟向繁殖区迁移，但大量的亚成体朱鹮仍会留在低海拔的平川地带集体活动。

朱鹮这种季节性迁移习性，是朱鹮对环境的适应性行为，是长期进化的

一群朱鹮在汉江上空飞翔　张跃明／摄影

冬季即将在风雪中夜宿的朱鹮　张跃明 / 摄影

结果。其迁移的源动力主要来自食物。繁殖地的冬水田面积虽小，但雏鸟的出壳时间与当地冬水田的耕种时间高度吻合，农田翻犁出来的大量底栖生物为育雏期的朱鹮提供了丰富的食物来源。6月下旬，繁殖地的冬水田里秧苗封陇，朱鹮无法进入觅食，被迫离开繁殖地到低海拔的平川地带，开始游荡期生活。而此时，汉江及其支流开始进入汛季，水涨水落，大量的小鱼小虾留在河边滩涂，正好为朱鹮提供了充足的食物。秋冬季节，河流进入枯水期，朱鹮食物减少，而平川和丘陵地带的稻田刚刚完成收割，水库、鱼塘水位较低，大量食物出现，朱鹮的觅食地随之转移到该区域，同时也进入越冬期。

　　扩散也是鸟类的基本特征之一，是个体之间相互远离的单线性运动。扩散对种群的分布、动态及遗传结构等方面均有重要影响。与周而复始的迁移（迁徙）活动相比，扩散一般没有确定的距离和方向，扩散个体也不会返回出发地。鸟类扩散包括三种类型：出生扩散（出生地和繁殖地之间的扩散）、繁殖扩散（不同繁殖地之间的扩散）和非繁殖扩散（在连续两个越冬地之间的迁移）。

朱鹮的扩散行为，随朱鹮种群数量的增长而表现得尤为突出。其主要类型为出生扩散和繁殖扩散。出飞后的雏鸟在巢区稍作停留后，随亲鸟扩散到低海拔区域生活，直到成年，绝大多数朱鹮成年后不再回到出生地，而是与配偶共同寻找合适的繁殖地开始繁殖后代，这种属于典型的出生扩散。朱鹮有连续使用繁殖地和旧巢的习惯，通常情况下营巢地点不会轻易改变，但当营巢地生态环境遭受破坏和严重干扰时，它们往往会弃巢或卵于不顾而另觅繁殖地，这在理论上属于繁殖扩散。同巢个体之间的出生扩散距离因性别不同而差异显著，雌性个体的扩散距离大于雄性个体，且多发生远距离扩散行为。

任何一个物种，种群数量的上升必然会引发个体的扩散，从而使分布范围逐渐扩大，应对自然变化能力增强，进而降低种群安全隐患。除种群数量增加外，栖息地环境质量也是影响种群扩散的重要因子。朱鹮种群的扩散主要取决于原栖息地的食物丰度和环境容纳量，在一些食物资源相对不足的老巢区出生的幼鸟更容易扩散，亲鸟也会在食物短缺的年份扩散到新的繁殖地。在朱鹮保护区及其周边区域，朱鹮扩散基本沿着食物资源相对丰富的汉江水系进行。朱鹮的扩散行为，一方面可以避免种群内对生存资源的竞争，另一方面也可避免同一区域长期繁衍而近亲繁殖导致的种群衰退，对朱鹮种群发展壮大有着积极的作用。

第三章　朱鹮的诞生

一只朱鹮的诞生，要从朱鹮父母寻找满意的营巢地、建造自己的"家"开始说起。筑好巢后，配对的朱鹮开始产卵，轮流孵化、育雏，进入长达100多天的"育儿期"。

每年的11月下旬，成年的朱鹮陆续离开越冬地，开始向林地资源丰富的区域活动，寻找适宜的营巢地，准备繁殖后代。次年1—2月，与心仪的对象"喜结连理"并着手搭建爱巢；3—4月，朱鹮妈妈产下第一枚卵后，朱鹮夫妇便共同孵化、哺育幼鸟；6—7月，幼鸟离巢出飞，跟随父母在繁殖地活动一段时间后，共同开始向平原地区活动，至此小朱鹮开始独立生活。

配对营巢共建家园

朱鹮是严格的单配偶制（一夫一妻）鸟类，一旦找到心仪的对象，即配对结成"夫妻"，往往终生相守，生儿育女。朱鹮配对关系的形成，始于非常具有"仪式感"的求偶行为，其过程包括理羽、示嘴、摩擦头部、递送树枝、假交尾等。

未配对的雄性个体，在遇到心仪的雌性个体后，通常会耸起肩部、迈着雄壮的大步在雌性个体跟前来回走动，以吸引雌性个体的注意，继而靠近雌性个体，试探性地为其理羽，雌性个体若不躲避、打斗、逃离，雄性个体便会将喙伸到雌性个体嘴边，出现"示嘴"行为，其后雄鸟会选择一根树枝作为"特殊的礼物"送到雌鸟面前，来回晃动以博得雌鸟认可，雌鸟若接受"礼物"，两鸟即可形成配对关系。

朱鹮优美的求偶舞姿 张跃明 / 摄影

　　固定配对的朱鹮夫妇，常年双宿双飞，共同活动，休息、夜宿时常常相互理羽、示嘴、递送树枝等，以加强和巩固配对关系，当其他个体闯入已配对朱鹮的繁殖领域或出现在身边时，配对个体还会出现假交尾行为，借以强调彼此关系。因此，朱鹮的求偶行为对于建立和维系个体间的配对关系至关重要。

　　在朱鹮的求偶行为中，树枝作为特殊的礼物，被赋予类似人类求婚时的"钻戒"或"玫瑰"等定情信物的意义，在整个求偶过程中充当着重要的角色。雌鸟一旦接收了雄鸟递给的树枝，则意味着配对关系的确定，随即顺利进入筑巢繁殖阶段，共同生儿育女、繁衍后代。其实，这种情况在其他鸟类中也是十分常见的。比如翠鸟，在繁殖期内，雄性翠鸟会给雌鸟送鱼作为礼物，雌鸟若喜欢雄鸟则会吃掉雄鸟送来的鱼，意味着钟情于对方，然后顺利完成交配繁殖；雄性企鹅会选择一块漂亮的小石头送给雌鸟，如果雌鸟接受，它们就会共筑爱巢。

相对于孔雀、丹顶鹤等其他鸟类复杂多样的求偶方式而言，朱鹮的求偶形式相对简单，过程也很短暂。求偶行为主要目的是取悦对方，形成并巩固稳定的配对关系，诱导交配行为产生。

未营巢或未卧巢的朱鹮交配时，雌雄个体并列停留在树枝上相互理羽和示嘴，嘴里不时发出"咕—咕"低鸣，然后在树枝上完成交配。孵化期的朱鹮，雄鸟取食回来后停歇在巢树的侧枝上与巢中的雌鸟相互观望，双方发出简短而连续的"啊—啊"声交流，继而雄鸟靠近雌鸟，在巢中完成交配；而雌鸟取食回巢，巢中的雄鸟长鸣几声，并不起身，待雌鸟进巢为其理羽后，雄鸟起身与雌鸟在巢中发生交配行为。

交配时，雄鸟从侧面跨到雌鸟背部，用喙夹住雌鸟的喙，不停扇动翅膀保持身体平衡，此时雌鸟尾羽上翘，雄鸟尾羽根部下压，两鸟泄殖腔相对，完成交配。与此同时，雌雄鸟喉部发出急促略带颤音的鸣叫。交配结束，雄鸟从雌鸟背部下来，双鸟并排站立，伸长脖子，仰天长鸣，嘴里发出高昂、悠长而婉转的"啊——"的长鸣。

朱鹮雄鸟向雌鸟赠送象征定情信物的树枝

即将交配的雌雄朱鹮　张跃明 / 摄影

每年 1 月，朱鹮夫妇陆续进入繁殖地，2 月开始选择合适的巢树营巢，准备繁衍后代。营巢时，雌雄亲鸟分工明确，形成类似《天仙配》中"你挑水来我浇园"的合作关系，繁忙而有条不紊。雄鸟负责在外寻找合适的树枝、枯草等营巢材料并将其叼回巢树，雌鸟负责对营巢材料进行整理、安放等搭建工作。营巢是件耗时费力的工作，研究发现，朱鹮雄鸟获取巢材的平均距离约为 80 米，营巢期雄鸟平均每天叼回巢材 10 次以上，最多可达 80 余次，整个繁殖期，雄鸟叼回的巢材的重量约为其体重的 5—8 倍。

朱鹮巢呈盘状，结构简陋，外围主要用干枯的树枝搭建，内垫物以树叶、软草为主。其外形与乌鸦、喜鹊的巢相似，但要大很多。朱鹮巢的大小与其所处的繁殖阶段密切相关，朱鹮并不像燕子等一样在产卵前已将巢完全筑好，而是在巢刚具雏形时，雌性朱鹮便产下第一枚卵，继而边产卵边做巢边孵化，直至产齐 2—4 枚卵。这一时期，朱鹮巢的巢材量约占总量的 55%。

孵化过程中，朱鹮会不断对巢进行扩大，出于保暖的需要，巢材中草叶类的内垫物也会随之增多。孵化后期，亲鸟还会特意衔回一些青草铺垫在巢中以增加巢内湿度，促使卵壳在温湿环境下变脆，以利于雏鸟顺利出壳。

幼鸟出壳后，朱鹮筑巢频率进一步加快，亲鸟会根据小朱鹮的数量和发育情况，迅速对巢进行扩大和加固，同时由于幼鸟保温需要，亲鸟带回的枯草、树叶等内垫物的数量在育雏前期和中期也相对较多。直到幼鸟出飞，朱鹮亲鸟的营巢工作才宣告结束，此时的朱鹮巢外径可达 80 厘米以上，巢材重量在 10 千克以上。

产卵孵化迎接新生

阳春三月，大地回暖，万物复苏，配对的朱鹮陆续开始产卵、孵化，正式开启一年一度的辛勤繁衍后代的过程。正常情况下朱鹮每年产一窝卵，数量 2—

正在卧巢孵卵的朱鹮　张跃明／摄影

4 枚，但若第一窝卵遭到破坏，往往会再补产第二窝。首次参与繁殖的朱鹮一般每窝产卵 2—3 枚，经产朱鹮往往产卵 4 枚，偶见 5 枚及 5 枚以上。繁殖年龄小或发育迟缓的个体产卵较晚，身体发育好、食物供给充足的经产朱鹮产卵时间相对较早。目前已知的朱鹮最早产卵时间是 2 月 28 日，为陕西华阳朱鹮种源基地人工饲养朱鹮亲鸟所创造。

朱鹮的卵为椭圆形，钝端稍多，卵壳较厚，表面光滑，呈青绿色，上面分布许多不规则的褐色斑块。卵重 64—80 克，横轴长 62—68 毫米，纵轴长 43—47 毫米，其大小与鸭蛋相近。单枚卵重约占雌鸟体重的 5%，窝卵重（4 枚）可占雌鸟体重的 20% 左右。

正常情况下，雌性朱鹮产下 1 枚卵后隔日才会再产 1 枚，随着窝卵数的增加，产卵间隔也会逐渐拉长，产齐 4 枚卵，往往需要 5—8 天时间。朱鹮属异步孵化鸟类，第一枚卵产出后亲鸟随即开始孵化，边孵化边产卵。朱鹮雌雄亲

朱鹮的卵　张跃明 / 摄影

鸟均参与孵化过程且是轮流孵化，孵化期约为 28 天，在整个孵化期，雌雄亲鸟交替孵化时间相差无几。因为异步孵化的原因，朱鹮雏鸟的出壳时间间隔与产卵时间间隔接近，一般情况下相隔 1—8 天。

　　孵化时，卧巢的亲鸟十分安静，将头缩在胸前或靠在巢沿一动不动，遇到些许声响，迅速抬头扫视四周。孵化中，亲鸟会经常用爪子和喙拨卵，从而改变卵在巢中的位置，使每一枚卵都与其腹部紧密接触，从而确保受热均匀。亲鸟也会偶尔站立起来，或在翻卵的同时站立在巢中进行"凉卵"，以促进巢内空气流通，防止因长期孵化使巢内空气污浊、温度过高而导致卵内胚胎死亡。

　　据统计，自然情况下亲鸟平均每天翻卵、凉卵次数约为 20 次，平均每天凉卵时间 10 分钟左右。朱鹮亲鸟的换巢频率、凉卵次数和凉卵时间随孵化日龄的递增而增加。孵化前期翻卵、凉卵次数较少，每次凉卵时间也很短；孵化

站在巢中翻卵的朱鹮　张跃明／摄影

后期翻卵、凉卵次数增加，每次凉卵时间也随之增加。朱鹮翻卵、凉卵的次数还与孵化时的气温相关，气温较低时翻卵、凉卵次数和每次凉卵时间都会相对减少。

实验证明，翻卵可以降低卵的垂直和水平温度梯度，使其受热均匀，同时有效防止胚胎与卵壳粘连。凉卵能够保证卵的正常通风，改善巢内的空气质量，防止胚胎代谢产热而导致卵自身温度过高出现"烧胚"，引起胚胎死亡，同时短暂的温度降低还能刺激胚胎，促进胚胎更好地发育，有利于产出强壮的雏鸟。

小朱鹮成长"日志"

朱鹮"宝宝"破壳的过程十分有意思。

朱鹮的卵孵化到25—26天时，雏鸟的喙将刺破卵钝端的卵壳膜进入气室，雏鸟开始用肺呼吸，此时在安静的环境中偶尔能听到雏鸟微弱的"唧—唧"叫声，这是雏鸟即将破壳的前兆。

刚刚出壳的朱鹮雏鸟 张跃明 / 摄影

5 日龄的朱鹮雏鸟，喙笔直如蜡笔 路宝忠 / 摄影

9 日龄的朱鹮雏鸟　路宝忠 / 摄影

15 日龄的朱鹮雏鸟　张跃明 / 摄影

过不了多久，雏鸟就会用喙尖的凸起——"卵齿"在气室的卵壳上顶开一个 2 毫米大小的小孔，俗称"打孔"或"破孔"。破孔后，雏鸟的头和脖子会沿着逆时针方向转动，卵齿也随着头的转动顶破蛋壳，在卵表面形成一圈连续的环状裂隙，称为"环啄"。环啄后，雏鸟先从破开的蛋壳缝隙中伸出身体一侧的翅膀，然后努力伸长脖子使劲顶开头顶的蛋壳，露出小脑袋，稍事休息后努力地向外挣扎，待其一条腿伸出蛋壳后，使劲扭动身体摆脱蛋壳束缚，顺利完成出壳。

朱鹮的卵从破孔到雏鸟完全出壳，通常需要 24—48 小时，出壳时间的长短与孵化后期的环境湿度大小高度相关。出壳时环境湿度大，蛋壳变得脆而易碎，雏鸟出壳容易，出壳所需时间相对较短；出壳时环境湿度小，蛋壳坚硬，则雏鸟需要较长的时间才能完全出壳。

朱鹮是晚成鸟，刚出壳的雏鸟眼睛尚未睁开，但早已具备听觉，无奈动作协调反射尚未建立，身体不能随意挪动，常呆滞地趴在窝中，孱弱的身躯仅能支撑头部短暂抬起。数小时后雏鸟睁开双眼，在饥饿或寒冷时能够发出短促尖细的轻微叫声。

1 日龄雏鸟身上稀疏地分布着污灰色绒毛，腹部至肛门处裸露。头大颈细，腹部下坠，上喙前端顶部卵齿明显，跗跖和爪呈肉质状，颜色肉红。朱鹮雏鸟出生时体重仅为 55 克左右，相当于卵重的 80%、成鸟体重的 3.6%，在亲鸟的哺育下，体重增长迅速，仅仅只需 30 多天即可达到成鸟体重，即 1500 克左右，日均增重约 50 克。

发育初期（15 日龄前）的雏鸟需要亲鸟卧巢来保持体温，以抵抗低温和恶劣天气的侵袭。雏鸟 5 日龄前，亲鸟除换巢和哺育雏鸟外，几乎全天都静静地趴在窝里，用体温温暖幼雏。这一时期的小朱鹮，身上绒羽增加了许多，看上去像一个灰色的小绒球。雏鸟体重在 1—9 日龄增长较为缓慢，日均增重不足 20 克。

1周龄的雏鸟听觉和视觉能力增强,亲鸟回巢的轻微响动即能引起求食动作,其余时间窝内的雏鸟相互簇拥静卧休息,偶尔蠕动身体或在亲鸟的帮助下改变一下姿势和位置。此时,雏鸟头部皮肤出现毛囊,腹部皮下出现羽根,颈、背、肩和双翼展出针刺状羽鞘,覆羽尖端长出簇状羽毛,尾部长出稀疏柔软的棒状羽毛。跗跖肉质感更明显且变得粗壮,喙尖卵齿开始消失,但痕迹清晰可见。

2周龄的雏鸟虽不能完全站立,但可在跗跖、双翼和腹部的支撑下缓慢挪动身体,趾爪也具有了一定的抓握能力。此时,雏鸟头面部、跗跖和爪部皮肤慢慢转青灰色,喙尖卵齿痕迹消失不见。全身羽区羽毛开始发育,头、颈、肩、背、双翼、胸腹和尾等部位的羽尖长出羽鞘,形态上具备鸟的雏形。10日龄后,雏鸟出现相互争食现象。10—17日龄的雏鸟,体重增长极为迅速,日增重可达80克左右。

3周龄的朱鹮已经能够在巢中站立,呆笨缓慢地行走,静卧时间减少,活动时间增加,争食猛烈。此时,雏鸟的头颈部羽区长出小羽管,头顶部和枕部羽刷短于鞘,其他羽区大多羽刷等长于鞘,初级飞羽、次级飞羽长至6厘米,跗跖和爪青灰色,粗壮有力,雏鸟已能站立于巢中。雏鸟15日龄前后胸部长出短羽毛,肩部、背部及双翼背侧已有细羽长出,双翼羽片开始从鞘中绽放,全身小覆羽已经基本长成,雏鸟具备初步的抗寒能力,亲鸟在晴朗的上午会适当地暴露全窝雏鸟。20日龄左右,雏鸟的体重达到1000克左右,占整个育雏期生长量的60%。20日龄后,雏鸟身体羽区多数羽毛已经长成,初级飞羽、次级飞羽已长到正常长度的2/3,身体显得丰满起来。此时雏鸟的身体恒温机制基本健全,朱鹮亲鸟除夜晚外基本不再进巢暖雏。

4周龄的朱鹮,腿部强壮有力,能在巢中平稳行走,趾爪抓握力量增强,可以牢牢抓住巢材,同时出现展翅行为。4周龄的雏鸟头面部皮肤开始由青灰色转为黄色,跗跖和爪部颜色加深成青黑色,除头部羽毛尚短外,背腹部和胸

25 日龄刚佩戴环志的朱鹮雏鸟　张跃明 / 摄影

部已为羽片覆盖，双翼飞羽和覆羽的鞘还保留约 1/3，露出部分羽毛已形成正羽。18—31 日龄的雏鸟，体重增长速度减慢，日均增长约 45 克。

5 周龄的朱鹮活动活跃，开始由巢中向巢旁侧枝移动，如遇危险会提前离巢。此时的雏鸟，面部黄色，跗跖和爪青黑色，除额部、喉部、尾部羽毛尚在发育外，其他区域羽毛发育已近完好，体表发育初步成型。30 日龄左右，雏鸟羽毛生长完全，羽翼丰满，逐渐尝试从巢中向巢旁的侧枝上活动，亲鸟也不再进巢暖雏。35 日龄左右时雏鸟的体重达到峰值，可达 1500 克以上；其后雏鸟体重呈下降趋势，日均下降 15 克左右，出飞前雏鸟的体重降低到 1400 克左右，出飞前体重降低，更加有利于雏鸟的成功出飞。

6 周龄的朱鹮羽翼丰满，除体表裸露皮肤和羽毛颜色与成鸟有所差异外，体型与成鸟相近。它们频繁振翅，开始在巢树侧枝上跳跃行走或短距离飞翔，若一只雏鸟出飞，其余雏鸟也随之离巢。

朱鹮的"育儿经"

为了成功养育朱鹮"宝宝"，朱鹮夫妇付出了无比艰辛的劳动，也与大自然和天敌进行着勇敢的斗争。

朱鹮的育雏期为 40—45 天，雏鸟在双亲的共同哺育下茁壮成长。亲鸟饲喂雏鸟的方式与鸽子略同，采用独特的大口含小口的"漱食"形式。每天的喂食活动从 7：30 左右开始，至 19：30 左右结束。早上出壳的雏鸟，亲鸟通常会在下午为其喂食，下午出壳的则要等到次日上午。当初生的雏鸟伸长脖子，使劲晃动脑袋，嘴里发出"唧唧"的索食声时，亲鸟会低头弯下脖子，把喙靠近雏鸟脑袋，雏鸟碰触到亲鸟的喙时就会轻轻啄击，亲鸟顺势张开嘴巴，将雏鸟的喙和脑袋衔入口中，将"鸽乳"样清亮的黏液状物质逆呕到雏鸟口中完成喂食。

正在哺育雏鸟的朱鹮　路宝忠 / 摄影

　　随着日龄的增长，雏鸟的脖子逐渐有力，索食行为更加明晰，亲鸟不再夹住雏鸟脑袋喂食，而是张开嘴巴，由雏鸟自行将喙和脑袋伸入自己口中掏食；同时，饲喂的食物中"鸽乳"样物质逐渐减少，出现半消化的食糜，直至未消化的食物。

　　朱鹮雏鸟生长迅速，食量非常大。整个育雏期，亲鸟都在忙碌地寻找食物、哺育雏鸟。经观察，整个育雏期，朱鹮雌雄亲鸟平均每天喂食幼鸟次数均在 10 次以上，平均每天的喂食时间达 5 分钟左右。虽然雌雄亲鸟每天的喂雏次数并不固定，但在喂食次数和时长上存在一定的互补性，总体上雌雄亲鸟在喂食次数和时长上没有显著差异。

　　朱鹮喂食雏鸟的次数会随着雏鸟数量的增加而增加。如 1986 年姚家沟巢

即将出飞的幼鸟在树枝上向亲鸟索食　张跃明／摄影

中仅有 1 只雏鸟，整个育雏期亲鸟喂食次数 1211 次；1992 年牯牛坪巢中有 2 只雏鸟，喂食次数为 1622 次；1996 年白火石沟巢中有 3 只雏鸟，总喂食次数达到 2215 次。

　　朱鹮喂食雏鸟的次数也会因为育雏阶段的不同而明显不同，这与换巢频次的变化一致。

　　育雏初期，幼鸟食量小，食物需求量也少，亲鸟喂食次数也较少。育雏中期，幼鸟生长迅速，食量大增，亲鸟的喂食次数明显增多。育雏末期，雏鸟身体器官发育基本完成，开始为离巢出飞做准备，亲鸟喂食次数会适当降低。朱鹮亲

离巢出飞的幼鸟跟随亲鸟在稻田学习觅食技能　张跃明 / 摄影

鸟的喂食节奏与雏鸟所需的食物量有关。1—2 周龄时，亲鸟喂食时间间隔在 100 分钟以上；3—4 周龄时，喂食间隔缩短到 70—80 分钟；5 周龄后，幼鸟的食量虽然很大，但亲鸟为了促使幼鸟尽快离巢，喂食间隔又延长到 90 分钟左右。

　　35 日龄后的雏鸟在巢中活动更为频繁和剧烈，有时还会试图到巢边的侧枝上活动，此时亲鸟会以食物引诱其走向侧枝，并在侧枝上对其饲喂。出飞前期，朱鹮亲鸟逐渐减少对雏鸟的饲喂次数和饲喂量，出飞前一两天，幼鸟几乎得不到亲鸟的食物，从而被迫出飞。这样看似“狠心”的决定，却是促使雏鸟尽快离巢出飞最有效的手段。

　　40 日龄左右的雏鸟终于忍受不了饥饿，在树枝上经历反复的振翅起跃后，鼓足勇气，用力鼓动翅膀一跃而起，跌跌撞撞地飞离巢树。

　　离巢后的雏鸟，继续和亲鸟在巢区活动 20 天左右。在此期间，雏鸟紧跟在亲鸟身后，亦步亦趋学习捕食技巧，自行觅食或向亲鸟索食。离巢后的头两天，它们通常先在巢树周边的草地和旱地里活动，练习捕食一些昆虫。其后来到水田觅食，起初亲鸟在田中觅食鱼虾等水生生物，雏鸟在田坎上追逐蝗虫、蟋蟀等昆虫，饥饿时伸长脖子，不停地探动脑袋，嘴里发出"咕咕"的索食声，等待亲鸟喂食。一开始，亲鸟还会给其喂食，但这样的机会越来越少，有时幼鸟追逐一天，也只能得到一两口食物。面对狠心的父母，在饥饿的驱使下，雏鸟不得不跟着父母下到水田中，学着父母的动作去寻找并捕获食物。

70 日龄左右的雏鸟已经能够熟练地捕获食物，体重也恢复到 1500 克左右，体型、飞翔能力已与成鸟无异。这时巢区稻田的秧苗开始封陇，朱鹮无法进入觅食。朱鹮幼鸟会在亲鸟的带领下离开巢区，飞向更为广阔的平原地带生活。

朱鹮是异步孵化的鸟类，同窝雏鸟的出壳时间依次相差一天左右。但由于雏鸟早期生长发育迅速，同窝雏鸟体型大小差异悬殊，尤其是第一只和第四只，很容易区分长幼次序。

雏鸟个体形态大小上的差异，使亲鸟在喂食时雏鸟争抢食物现象严重。当亲鸟回巢喂食时，体型较大、求食欲望强烈的雏鸟会首先攻击身边的兄弟姐妹，凶狠地啄击有求食行为的雏鸟的头部，迫使其勾首缩颈伏在巢中，然后自己独享亲鸟带回的食物，在吞咽之余还会趁机啄击试图抬头争食的雏鸟，以防止它们抢食。等它吃饱后，便会主动趴下，另一只稍大的雏鸟又会重复前面的动作，直至亲鸟无食物可给。整个喂食过程中，亲鸟只管喂食，从不理会雏鸟的争斗，也只会把食物喂给打斗中的优胜者。

朱鹮家的这种"规矩"，使得在食物丰盈的年份，勤劳的亲鸟可以保证同窝雏鸟全部成活。但在食物不足时，后出生的雏鸟往往会因为体型小、争食能力弱，得不到亲鸟的饲喂而活活饿死。正因为此，通常情况下朱鹮每窝产 4 枚卵，出壳 3—4 只雏鸟，仅有 2—3 只雏鸟能够顺利出飞。

一只雏鸟向亲鸟乞食，另一只雏鸟只能低头等待　张跃明／摄影

朱鹮家的这种"规矩"看似残忍，但对其种群的延续和发展非常重要，它可以使亲鸟在食物短缺的"馑年"，把有限的食物喂给强壮的个体，确保部分个体成活，达到种群延续和壮大的目的。这种现象也极为符合"物竞天择，适者生存"的自然法则。

朱鹮的亲鸟有极强的护雏行为，以防止雏鸟受到天敌和恶劣天气的袭扰和危害。当乌鸦、喜鹊、松鸦等鸟类靠近鸟巢时，朱鹮亲鸟会合力对其进行啄击驱赶，以防雏鸟遭遇不测；当鹰隼等掠食性鸟类靠近巢区时，亲鸟会剧烈鸣叫发出警告，有时也会主动出击与其周旋；当发现蛇、鼬攀爬巢树时，亲鸟剧烈鸣叫，一旦蛇、鼬进入朱鹮巢中，亲鸟会奋起啄击驱赶，但这往往徒劳无功，只能尽力抵抗后弃巢而去。当刮大风、下暴雨和阳光直射时，亲鸟会站在巢中，微微张开双翅，用身体覆盖全窝雏鸟，为其遮风挡雨、阻挡阳光。

孵雏中的朱鹮驱赶袭扰的松鸦　张跃明/摄影

1993 年 4 月 23 日，白火石沟朱鹮巢区下起冰雹，冰雹大如核桃，重约 10 克，20 分钟后转为大雨。卧巢的雌鸟为保护身下一只出壳不久的雏鸟和两枚即将出壳的卵，硬是一动不动地卧在巢中，任凭风吹雨打冰雹砸，毫无弃巢躲避迹象，直到风停雨歇。

从"丑小鸭"到"白天鹅"

刚出生的朱鹮"宝宝"头颈和背分布着稀疏的污灰色绒毛，依稀可见肉红色的皮肤，腹部至肛门处裸露，无任何羽毛。整个外形就像一枚伸出小脑袋的卵。

随着日龄的增加，朱鹮雏鸟的身体组织飞速生长，模样也发生着变化，逐渐从"卵样"变化成"鸟样"，但是要真正长成与父母一样美丽的"朱鹮样"，还需要长达一年的变形期。

大约在 6 周龄时，雏鸟的灰色绒羽完全褪去，身体上被满稚羽，初具朱鹮的形态。污灰色的羽毛，青灰色的脸庞和趾爪，平直的短喙，给人一种青涩的印象。15 周龄，朱鹮幼鸟开始稚后换羽，直至 54 周龄换羽结束。历时约 280 天，幼鸟有了脱胎换骨般的变化，无论是体征还是羽色都与成鸟相差无几，只有非常熟悉朱鹮的人，才能从它橘黄的脸庞和翅膀边上唯一的一根黑色初级飞羽，辨认出它是一只年幼的个体。

朱鹮的稚后换羽有着严格的次序，所有飞羽（包括小翼羽、初级飞羽、次级飞羽、三级飞羽）脱换顺序均由内侧向外侧进行，尾羽的脱换则呈现出不规则的"跳跃式"。在雏鸟 27—31 周龄（9 月下旬—11 月中旬）这几周时间里，雏后换羽完全终止。在此之前，飞行中起舵作用的尾羽基本换齐，而飞行中起主要作用的初级飞羽则在 31 周龄之后才开始更换。从朱鹮的换羽时间和换羽规律来看，朱鹮的"留居型"和"迁徙型"种群的说法还值得深入探讨。可以

幼鸟振翅欲飞　赵纳勋 / 摄影

大胆地猜想，在朱鹮的进化过程中，由于环境和食物等因素的作用，使得一些"迁徙型"的个体在一些环境好、食物充足的地方"留居"了下来，逐渐形成了"留居型"的种群。真实的情况到底如何，还需要进一步的研究论证。

除了独特的羽毛变化外，朱鹮雏鸟喙的形状变化也十分明显。

鸟类的喙是由上下颌骨及鼻骨前伸发育形成的外套致密角质上皮细胞所构成的取食器官，喙的形状与其取食方式密切相关。由于食物种类、进食方法不同，鸟喙的形状各异，有的喙粗扁，有的喙细长。比如，以种子为食物的雀类，喙小而尖，呈圆锥形，便于啄开种子的硬壳，取食里面的仁；鹰、隼等食肉性猛禽，喙强壮有力，喙端呈钩状弯曲，便于把猎物撕成小块吞下。具有汤勺形喙的勺嘴鹬，则适于在海滩铲土，觅食软体类和蠕虫食物。朱鹮的长喙粗壮且略微下弯，非常适合捕食藏匿于浅水或松软泥土里的泥鳅、黄鳝、鱼虾等水生动物。

朱鹮的喙在其幼鸟生长发育过程中，随着日龄的增加而出现明显的变化，形状由笔直逐渐变为弯曲，喙尖的颜色由肉色转变为橘红色。

刚出壳的朱鹮雏鸟，喙是笔直且肉乎乎的，犹如一根尖端沾着浅黄色颜料的黑色蜡笔。随着日龄和体重的增长，朱鹮的喙也在以肉眼可见的速度增长着，约在 20 日龄左右，喙的前段开始弯曲生长，喙尖端的肉色部分渐变为土黄色；30 日龄后，喙弯曲得更加明显，喙尖由土黄色变成明亮的橘黄色；40 日龄以后，幼鸟喙的形状已与成鸟相似，喙尖由橘黄变为橘红。

朱鹮雏鸟喙的生长变化高度契合其取食方式。30 日龄前的雏鸟将喙伸入亲鸟的口腔和食道内掏食，借助亲鸟的"逆呕"完成取食，此时微微张开的直喙能够使亲鸟食道内的食物顺利地进入幼鸟的口腔。40 日龄左右的朱鹮已经陆续离巢，跟随亲鸟学习觅食技能，逐渐过渡到自行觅食，弯曲的长喙可以非常自如地在泥地沼泽中取食。

"家"需要共同经营

朱鹮母亲在巢中产下第一枚卵之后，夫妻就开始了轮流照顾"宝宝"的工作。这种始于"换巢"的温馨场景在孵化期和育雏期天天都在发生。

在孵化期，卧巢孵化的朱鹮亲鸟只有在需要外出觅食或者趴卧累了需要活动的时候，才会轮换孵化，因而换巢次数相对较少。雏鸟出生当日几乎不进食，它们最需要的是保持体温，因此朱鹮父母在维持自身能量需求的条件下尽量减少换巢次数，以避免因亲鸟换巢致使雏鸟过多地暴露在低温环境中损失能量，因此这天也是整个繁殖期中朱鹮夫妇换巢次数最少的一天。到了育雏期，朱鹮夫妇除了维持自身生理活动对能量的需要外，更重要的任务是解决几个"小宝宝"的吃饭问题，保证它们健康成长发育。幼鸟胃口非常大，所以朱鹮夫妇要频繁换巢，轮流外出寻找食物。

据观察，雏鸟 1—2 日龄时，朱鹮夫妇日换巢次数为 1—3 次。此后巢中雏鸟陆续出壳，部分雏鸟开始取食，朱鹮夫妇外出觅食和换巢次数逐渐增加，到

正在换巢的朱鹮夫妇　翟天庆 / 摄影

雏鸟 7 日龄时，朱鹮夫妇日换巢次数为 4—5 次。2 周龄的雏鸟，生长发育迅速，食量猛增，朱鹮夫妇换巢外出觅食次数增加到 6—9 次。3 周龄的雏鸟身体各个器官高速生长，此时朱鹮夫妇换巢次数最为频繁，达到 8—10 次。4 周龄后，雏鸟进入缓慢生长阶段，但食量增加，朱鹮夫妇仍保持着较高的换巢频率。

　　朱鹮夫妇的换巢次数因觅食地食物丰富程度、取食距离和窝内雏鸟数量不同而明显不同。觅食地食物匮乏，取食距离远，朱鹮亲鸟觅食和飞行所需时间较长，换巢次数相应减少；反之，换巢次数则会增加。窝内雏鸟数量较少时，朱鹮亲鸟每次取食的食物很容易满足雏鸟的需要，因此换巢次数也会少一些；若窝内雏鸟较多（3—4 只），朱鹮亲鸟每次带回的食物无法满足巢中所有雏鸟的需要，在雏鸟强烈索食行为的驱使下，亲鸟很快会再次飞出觅食，换巢次数就会增加。

根据陕西汉中朱鹮国家级自然保护区管理局统计，当巢中仅有1只雏鸟时，整个繁殖期朱鹮夫妇日平均换巢次数为3—4次；2只时约为5—7次；3只时为7—9次；4只时达到朱鹮承受能力的极限，换巢次数也最多，达到8—10次，即使这样也不能完全保证4只雏鸟全部成活。

除了换巢照顾雏鸟，朱鹮夫妇还极爱干净，有类似"洁癖"的行为。它们极为注重巢的干净卫生和幼鸟清洁。无论是孵化还是育雏，亲鸟的粪便统统排到巢外，雏鸟出壳后的卵壳碎片，亲鸟也会在第一时间将其叼起扔出巢外。育雏期间，亲鸟还会用喙尖替幼鸟除去身体上的食物残渣、树叶等污物，为其梳理羽毛，使雏鸟身体时刻保持干净。就连刚出壳的雏鸟也有着"卫生意识"，它们排便时努力向巢边挪动身体，高高撅起屁股，尾部朝外，尽力将粪便排到巢外，极力保持窝内卫生。但由于雏鸟活动能力有限，仍有一些粪便落在窝内和巢边沿，这时亲鸟会及时将巢中沾染粪便的巢材清理出巢，同时叼回新的巢材作为补充。

出于生存的需要，也为了精心维护"小家"，早期（2000年前）在食物资源相对匮乏的高海拔山区营巢的朱鹮，具有极强的领域性。往往在繁殖活动开始前，朱鹮夫妇便会提前占据环境适宜、食物丰富的一条山沟作为其繁殖场所，在该区域内进行筑巢、孵化和育雏。同时限制同类个体进入，当有其他个体进入时，朱鹮夫妇会通过剧烈鸣叫、飞行追逐、打斗等方式对其进行驱赶。2000年以后，随着种群数量的增加，朱鹮逐渐向食物资源丰富的低海拔浅山区、丘陵和平原地带活动，朱鹮的营巢密度有所增高，领域行为逐渐减弱，开始出现集群营巢的倾向。如低山区的花园巢区，1991年仅有1对朱鹮营巢繁殖，2001年增加到23巢，最小巢间距仅为25米。2019年，低海拔的洋县平川段

遭遇不速之客入侵时，雄性朱鹮"发怒"准备驱离入侵者　张跃明／摄影

戚氏镇一片不足 10 亩的杨树林中共有 12 对朱鹮营巢繁殖，其中 2 对朱鹮在同一巢树上筑巢繁殖，最小巢树间距不到 5 米。

　　研究认为，朱鹮领域行为的改变属正常的行为变化，是朱鹮在环境条件改善和种群发展后生活习性的恢复，是朱鹮繁殖习性的正常回归。史书记载，朱鹮是集群繁殖的鸟类，最多的群巢记录是一树 30 巢。20 世纪 80 年代，朱鹮种群数量极少，且都集中在水田面积小、食物资源相对短缺的高海拔区域，为了获得适宜的繁殖生境和充足的食物，朱鹮表现出"占山为王"的领域性。21 世纪以来，随着低海拔区域生态环境的好转，丘陵和平川地段的林木得以恢复，加之水田等人工湿地和天然湿地分布广、面积大，食物资源更充足，为朱鹮创造了营巢的必备条件，朱鹮的繁殖地逐渐向低海拔区域推进，同时由于朱鹮种群数量日益增加，其领域行为逐渐弱化，陆续出现一地数巢和一树多巢"和平共处"的集群繁殖现象。

褪尽铅华现本色

繁殖期的朱鹮一身铅灰，很难将它与靓丽、优雅、美若天仙的朱鹮形象联系起来。

殊不知这样邋遢的外表，是朱鹮父母为繁衍后代"自毁形象"而刻意为之。每年 11 月中下旬，性成熟的朱鹮个体背部开始呈现出特有的铅灰色，并开始寻找相伴终身的心仪伴侣，然后躲进山林生儿育女。6 月底繁殖期结束，朱鹮夫妇进入换羽期，开始褪去铅灰色羽毛，直至 9 月中下旬，全身恢复粉白色的靓丽羽毛。

靓丽的羽毛是朱鹮最惹人喜爱的地方，其羽色变化也一直为学界关注。在 1835 年以后的很长一段时间里，关于"灰色型"和"白色型"朱鹮是新种、亚种还是同一个体在不同季节的不同表现，学界多有争执。1864 年，斯文豪（Swinhoe）首先提出朱鹮成鸟繁殖期羽色的着色问题，即春夏时节为灰色的繁殖羽，秋冬时节为白羽，后来多位鸟类学家通过详细的观察证明了这一论断。直到 20 世纪 20 年代，科学家仍在对朱鹮的羽色问题进行探讨，我国鸟类学家郑作新在 1968 年也发表了对不同季节朱鹮羽色表现的见解。

近代研究证实，朱鹮灰色羽毛的出现，是通过洗浴后在颈、背部涂抹由繁殖期朱鹮颈部特殊腺体分泌出的一种黑色颗粒状物质而形成的，是"染色"的结果。未涂擦黑色物质的腹部、尾部、翅下等处的羽毛仍为粉白色或橘红色。朱鹮羽色变化的顺序依次为：喉颈部两侧、颈背部和肩部、后背和双翅背面。朱鹮羽毛灰色的深浅与腺体分泌的黑色物质的多少和涂抹的次数密切相关，多次涂抹的颈背部颜色较深。

朱鹮的羽色变化具有保护色和繁殖羽的双重作用。秋冬季节，朱鹮成群活动，日出而飞，日落而归，每天伴着朝霞和晚霞飞行，粉白色的羽色在阳光

洗浴后朱鹮将颈部分泌的黑色物质涂抹在背部　张跃明 / 摄影

下与天空和霞光融为一体，具有一定的隐蔽作用。同时，朱鹮觅食活动地湿地野草枯黄，其粉白的羽色与枯黄的杂草较为接近，有利于隐藏，避免猛禽等天敌危害，从而更好地保护自己。春夏之季，朱鹮进入繁殖期，多数时间伏在巢中孵卵、哺育幼雏，灰色的羽毛与营巢树树干和枯枝做成的巢的颜色极为接近，伏在巢中的朱鹮很难被天敌发现，可以起到很好的保护作用。

成年朱鹮铅灰色羽毛的出现是其性成熟的标志，铅灰色羽毛出现较早的个体，往往会率先进入繁殖期。繁殖期朱鹮成鸟羽毛灰色最深，雌雄间颜色几乎无甚差异，整个繁殖期雌雄亲鸟共同孵化、育雏，其铅灰色的羽毛具有繁殖羽的性质，同时也兼具保护色的作用。

朱鹮的羽色与年龄、季节等有着密切的关系。成年朱鹮的羽毛，秋冬季节呈粉白色，春夏则为铅灰色。幼鸟的羽毛为浅灰色。幼鸟在出生当年的秋季

换上漂亮冬羽的粉白色朱鹮　张跃明/摄影

开始稚后换羽，逐渐褪去浅灰色羽毛，至次年全身羽毛接近粉白色，2 岁以后朱鹮的羽色与成年朱鹮几乎相同。20 岁后的朱鹮，随着繁殖机能的减退，背部羽毛不再出现明显的铅灰色。

　　成年朱鹮的换羽始于繁殖季节的中后期，通常在 6 月中旬开始，9 月中下旬结束，历时 3 个月。7 月中旬换羽比例达到 10%—20%；8 月份换羽量最大，8 月下旬达全身羽毛量的 70%—90%；9 月下旬基本结束，此时朱鹮全身冬羽丰满、羽毛粉白。12 月上旬，成年朱鹮颈部羽毛呈现淡淡的灰色，1 月下旬着色程度达到 70%，2 月中旬婚羽着色完毕。

第二篇
寻找朱鹮
XUNZHAO ZHUHUAN

他们历时 3 年

行程超过 50000 公里

足迹遍布大半个中国

终于寻得当世仅存的

7 只野生朱鹮

段文斌 / 摄影

第一章　寻找之路

鹮类是十分古老的物种，早在 6000 万年前，它们就已经生活在地球上了。据中国和日本众多古籍记载，历史上朱鹮不仅分布广，而且数量众多，是一种极为常见的鸟类。到了 20 世纪中期，由于猎杀、战争、栖息地的丧失、环境污染和自然灾害等，朱鹮种群数量急剧下降，直至被认定为极危级鸟类。

1979 年，中国科学院动物研究所抽调刘荫增等人组成考察队，开始在全国范围内寻找朱鹮。他们历时 3 年，行程 5 万多公里，跑了大半个中国，直到 1981 年 5 月 23 日才在洋县的姚家沟和金家河两地找到了当世仅存的 7 只野生朱鹮，这一发现震惊了世界生物科学界。

朱鹮旧影

缘起一个请求

1977 年，日本环境厅政务次官大鹰淑子率日本环境代表团访华期间，一再强调苏联西伯利亚地区和朝鲜半岛的朱鹮已经相继绝迹，日本朱鹮数量也非常稀少，活动范围限制在能登半岛和佐渡岛的狭小区域，日本迫切希望中国能找到野生朱鹮，共同拯救这一濒危物种。据说这已经是大鹰淑子第四次向中国政府和友人发出寻找朱鹮的请求了，早在 1970 年中日尚未建交时，她就曾写信给中国林业部想了解朱鹮的情况，还曾写信给中国科学院院长郭沫若先生，提出寻找野生朱鹮的事情，由于当时的国际和国内政治环境，这些信件一直未能得到回复。1972 年中日建交后，大鹰淑子再次致信中国政府想了解中国朱鹮情况，这次她得到了回复，答复是：1930 年以前中国 14 个省份普遍可以见到朱鹮；1950 年前后在陕西、甘肃一些地方的稻田和河坝还可以见到觅食的朱鹮；1960 年中国的鸟类学家在秦岭采集过朱鹮标本；1964 年之后再也没有任何朱鹮的消息。

日方请求寻找朱鹮的迫切愿望和诚意得到了时任国务院副总理谷牧同志的重视。国务院环境保护领导小组专门发文件给中国科学院，要求组织人力在全国范围内寻找朱鹮。

一只小小的朱鹮怎么会让日本人这么执着，多次动用外交关系寻找呢？想想中日建交伊始，两国在政治、经济领域里合作的哪一件事不比寻找一种名不见经传的鸟更重要呢？

其实，日本人对朱鹮的重视是有重要原因的。首先，朱鹮在日本被奉为"圣鸟"，朱鹮羽毛时常会出现在皇室某些重要仪式里，有着十分重要的象征意义。如伊势神宫的宝物"须贺利御太刀"，手柄上就必须用金丝绳缠着朱鹮羽毛，以示至高无上的权威。日本最高贵的茶道礼仪用器 "羽帚"，须选用朱鹮飞羽制成。其次，研究鸟类的学问在日本被称作"皇家贵族的学问"，日本皇室成员中有多名鸟类研究专家。皇族山阶芳麿是世界著名的鸟类学家，其创设的山阶鸟类研究所是鸟类研究的重镇。明仁天皇的女儿清子主要研究鸟类。清子的哥哥秋筱宫文仁亲王是鸟类、两栖类及鲶鱼研究者，是山阶鸟类研究所的名誉总裁。还有，朱鹮的模式标本采集地是日本，按照以发现地命名新物种的国际惯例，朱鹮被命名为"*Nipponia nippon*"，直译就是"日本的日本"，甚至一度有传言称朱鹮与日本的国运密切相连。日本人自然希望这一物种永远存活下去。可惜的是，从明治维新前到第二次世界大战后这段相当长的时间里，由于人为猎杀、自然环境的严重破坏，日本朱鹮数量持续减少，直至濒临灭绝。

1977 年，日本的请求可以说是一个契机。朱鹮是什么鸟？它在东亚许多地方都难寻踪迹了，那么，在中国呢？

标本的凝望

1978 年，全国科学大会在北京召开。会后不久，中国科学院就接到了国务院的指示，要求其在全国范围内开展朱鹮调查。此任务自然而然地落到了中国科学院动物研究所鸟类学家郑作新的肩上，他深感这一任务的艰巨和意义重大，随即组织野外工作经验丰富的刘荫增等 6 位同志组成考察队，开始在全国范围内寻找朱鹮。

时年 42 岁的刘荫增已在中国科学院动物研究所从事野外调查工作 10 余年之久，年富力强且经验丰富。尽管如此，接到任务的他还是一脸茫然，野外工作 10 多年，采集动物标本无数，但他从没见过这种鸟，也没听谁说起过这种鸟！要说寻找简直比大海捞针还难。

要寻找朱鹮，最起码应该知道这种鸟长什么样，主要分布在哪儿吧？"标本！"刘荫增等人不约而同想到了这两个字。动物标本是采取物理或化学手段对动物整体或部分进行制作处理而形成的能够长期保存的动物尸体。一具完整的标本，不仅仅是动物本身，还包括它的名称、生活习性、分布地，标本采集时间、采集地、采集人等详细记录。

刘荫增等人从中国科学院动物研究所标本馆开始，遍访国内外所有收藏

朱鹮考察中的刘荫增先生

有朱鹮标本的机构，了解朱鹮的模样和采集地等情况。

从事鸟类研究的人都知道，最早的朱鹮标本是由西博尔德（Siebold）于 1823—1829 年间在日本采集的，1835 年荷兰莱顿博物馆馆长特明克（Temminck）根据这一标本对朱鹮进行了定名，以后各国鸟类学家、动物学家、探险家、传教士和商人等分别在不同的年份和不同地区采集过若干朱鹮标本，分别保存于中国、日本、苏联、朝鲜、韩国、英国、荷兰、法国、德国和美国等地。

中国境内采集和保存的朱鹮标本（1980 年前）共计 36 具，分别保存于中国科学院动物研究所、辽宁大学生物系、东省文物研究会、亚洲文会博物馆、徐家汇博物院、台湾博物馆、甘肃师范大学（今西北师范大学）生物系、兰州大学生物系、西北大学生物系等多家单位。采集时间为 1901—1964 年，采集地点为安徽、台湾、浙江、江苏、福建、辽宁、甘肃、陕西等地。其中

博物馆中的朱鹮标本

1950—1964 年采集的标本，其采集地集中在陕西省眉县（1 具）、西安（2 具）、洋县（4 具）和甘肃省武都（1 具）、康县（3 具）。

刘荫增等人仔细查看各博物馆、科研单位的朱鹮标本，将朱鹮的体型、羽毛颜色等特征用眼睛描摹了千万遍，他们与一具具朱鹮标本空洞而毫无生气的眼睛对望，从中寻找新的生机。他们用最短的时间锁定了朱鹮最详细的分布地。这一步，对寻找朱鹮至关重要。

曾经的踪迹

据文献记载，朱鹮是东亚特有物种，历史上广泛分布在东起日本列岛岩手县的宫古（东经 142°），西至我国甘肃、青海两省交界处（东经 100°），北至俄罗斯西伯利亚西南部的布拉戈维申斯克（海兰泡）以北 25 千米处（北纬 50° 23′），南抵我国台湾东港（北纬 23° 30′）的广袤地区，东西宽达 42°，南北相距近 27°。

我国的东北、华北、华南和中西部地区的 15 个省市都有过明确的朱鹮分布记录。黑龙江省哈尔滨附近的松花江、兴凯湖，吉林省的长春，辽宁省的大连、营口及其附近的辽河、鸭绿江、皮口、大连湾，河北省的宣化，北京，山西东南部，河南黄河边、熊耳山，山东西南部，甘肃的礼县、徽县、康县、武都，陕西的渭河及临潼、鄠邑、太白、洛南、洋县，安徽的南陵及水东，浙江的宁波、丽水、瑞安，台湾的金山、员林、高雄以及福建、上海的一些地方的地方志中都记录有朱鹮的存在。

日本的北海道、本州大部、四国德岛和周围的一些岛屿及半岛，曾是朱鹮的繁殖地或越冬地。俄罗斯西伯利亚东南部地区的黑龙江、乌苏里江流域的部分地区也有朱鹮分布的明确记载，其中乌苏里江上游的松阿察河沿岸是朱鹮

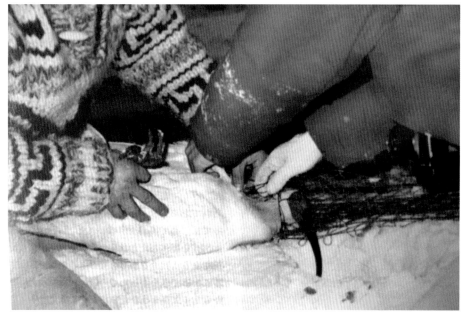

1980 年日本使用火箭网将佐渡岛上最后的野生朱鹮捕获进行人工饲养

分布最集中的地区，布拉戈维申斯克（海兰泡）以北的泽河是已知的朱鹮分布的最北纪录。朝鲜半岛的朱鹮主要分布在与中国接壤的咸镜北道，平安南道直到南部的全罗南道、庆尚南道也曾有朱鹮分布。

历史上朱鹮不仅分布范围广，而且种群数量众多，极为常见。在我国直到清代，多个州县的地方志中均将其作为物产项录入其中，可见其当时数量之众。在日本，朱鹮曾因在水田中活动踩踏到秧苗而一度被列为农业害鸟，由政府派员组织专人进行猎杀。在朝鲜半岛，有人在 1911 年时还曾在西岸金堤发现过千只大群。

20 世纪中期，朱鹮种群数量急剧下降。1940 年，日本的朱鹮分布范围和数量日渐减少，开始引起研究者的关注。1963 年，西伯利亚的朱鹮在哈桑湖消失。1979 年，朝鲜半岛的朱鹮在板门店消失。1980 年，日本野外仅存 5 只朱鹮，为防止其灭绝，日本政府于 1980—1981 年将 5 只朱鹮全部捕获进行人工饲养。而在中国，自 1964 年在甘肃康县采集到 1 具标本后，直到 1981 年一直没有任何关于朱鹮的报道。

是什么原因导致种群庞大的朱鹮在短短数十年间销声匿迹了呢？科学家们从文献资料和分布地的人文、气候、环境的变化等方面综合分析，认为朱鹮种群急剧衰退的主要原因是栖息地的丧失、猎杀、战争、环境污染和自然灾害等。

1850 年以前的西伯利亚地区人烟稀少、遍地沼泽，沼泽地及周边区域乔木丛生，是朱鹮理想的栖息地，春来秋去，朱鹮在此繁衍生息。但在其后的20 年间，随着大量人口的迁入，大片湿地被开垦成耕地，沼泽干涸，乔木被砍伐，朱鹮赖以生存的环境迅速丧失，致使其数量锐减，到 1869 年时，朱鹮已经在当地变成了"珍禽"。

日本朱鹮数量的锐减始于明治维新前后，其主要原因是人为猎杀和环境污染。《筑前志》（1903）中记载"废藩后，禁令暂松，人们大肆狩猎，这些鸟不再飞来……直至绝迹"，中村正雄（1926）称"加茂因乱捕滥猎，朱鹭等已绝迹"。虽然在 1934 年 12 月 18 日，日本政府将朱鹮归入"天然纪念物"之列，1952 年 3 月 29 日将其指定为"特别天然纪念物"，但在 1953 年伊势神宫第 59 次迁宫仪式上，需要给"须贺利御太刀"插饰朱鹮羽毛时，他们并没有因为朱鹮数量稀少而放过它，甚至特意向日本政府申请捕获 1 只朱鹮取其飞羽，而当时日本只有佐渡岛上残存 23 只朱鹮。

明治维新后，日本工业和化学农业高速发展，工业"三废"和农药、化肥严重污染环境，导致朱鹮食物资源严重不足；毒素的富集使卵的质量降低到

日本朱鹮灭绝的纪念碑　庆保平 / 摄影

几乎难以孵化出雏鸟的程度，即使是勉强出壳的雏鸟、幼鸟成活率也十分低下。此种危害一直持续到 20 世纪 70 年代。1980 年，日本将国内仅存的 5 只野生个体捕获进行人工饲养，其主要原因是这几只朱鹮受环境污染影响，连续多年所产的卵均未成功孵化出幼鸟。

朝鲜半岛朱鹮的消失可能源于无情的战火。1966 年，日本一位鸟类学家记载："战前在朝鲜朱鹮是极普通的鸟，战后就变得极为罕见了……，1965 年 3 月大同江流域见到飞翔的 10 只……"1974 年 12 月，国际鹤类基金会主席阿奇博尔德（Archibald）在朝鲜板门店发现了 4 只朱鹮，4 年后减少到 2 只，1979 年以后再无踪迹。

中国朱鹮数量锐减的主要原因是湿地开垦、森林砍伐、水田耕作方式改变、自然灾害等引起的觅食环境和营巢环境丧失。如朱鹮的主要分布区陕西，仅 1958—1975 年间因大炼钢铁、"三线"建设等累计减少森林面积就高达 480 多万亩，森林覆盖率由新中国成立初期的 36.5% 下降到了 27%。陕南地区在二十世纪六七十年代，随着"农业学大寨"运动及"稻—麦（油菜）轮作""四熟间作套种"等新的农业耕作模式的推行，汉江及其支流的大量滩涂湿地被开垦成良田、"冬水田"被排干积水改造成轮作的高产田，朱鹮等湿地鸟类的觅食、夜宿、营巢环境相继丧失。而关中地区在 1927—1980 年间相继发生大、中、小型干旱百余次，江河断流，稻田干涸，赤地千里，随着渭河沿岸稻田的大面积消失，朱鹮也不见了踪影。

中国还有朱鹮吗？

中国境内还有没有朱鹮呢？如果有，要去哪里寻找呢？如果没有，又有什么依据呢？

考察队根据查阅文献、寻找标本、调阅地方志等方法掌握到的朱鹮分布的具体情况，推测出我国朱鹮当前可能存在的大致区域，为千山山脉—燕山—中条山—吕梁山沿线、雷州半岛—黄海—渤海—江苏—浙江沿海线、秦岭—巴山—大别山沿线，所形成的西至甘肃天水、北到黑龙江、东临福建的"大三角"地理区域，随后开始了漫长的寻找历程。

1978年秋，考察队根据查阅文献记载掌握的情况推测朱鹮是候鸟，夏季在中国东北繁殖，秋末就会飞到长江下游温暖的地区过冬。因此，考察队决定第一次调查就去长江下游地区。当时的长江下游地区虽然水田纵横，丘陵起伏，但罕见大树，自然没有朱鹮身影。其后考察队一行先后辗转到安徽的大别山、河北的燕山、山西的中条山，这么跑了一大圈，同样没有见到朱鹮的任何踪迹，他们非常失望。

1979年春，刘荫增带着考察队的同事，再次踏上寻找朱鹮的征程。他们到长江中下游的湖北、江西、江苏、浙江等浅山丘陵地带找寻，结果依然是一无所获。后来又沿着黄海、渤海和雷州半岛及辽宁千山山脉考察，亦没有发现朱鹮的踪影。

接下来，考察队调整了调查方向，决定到有朱鹮分布的西部地区的陕西和甘肃两省寻找，因为这里是1960年前后采集的多具朱鹮标本的采集地。1979年冬季，考察队一行持国家林业部（今国家林业和草原局）的介绍信来到陕西省林业厅，了解到陕西省林业厅也在1978年底接到了林业部要求开展朱鹮调查的指示，并进行了阶段性的调查，很遗憾暂时还没有发现朱鹮踪迹，调查工作也还没有结束。尽管陕西省林业厅组织的省内朱鹮调查工作还在继续开展，刘荫增仍决定去汉中地区看看，他想博物馆记录中有4具朱鹮标本是在汉中地区的洋县采集的，那里大概率还会有朱鹮存在。可是，考察队到洋县林业局询问后才知道"有几年不见这种鸟了"。

1980 年，考察队进入河北西部、甘肃东部的秦岭、大巴山考察。他们沿河北西部地区翻越太行山，到山西南部，然后进入了秦岭北麓渭水南岸的浅山丘陵区调查。十多天后进入了周至县境内，本计划翻越秦岭对秦岭南坡的洋县、城固等汉中地区各县市进行考察，可惜山洪暴发，冲垮了公路，他们只能改走其他路线。6 月中旬，他们得到一条重要线索，说兰州自然博物馆的一位同志在甘南东边的康县岸门口曾经看到过朱鹮，大家商量后决定到天水、徽县、康县、文县一带寻找朱鹮。

刘荫增到徽县一家工厂走访调查时，一位工人说："我两年前打过这种鸟，羽毛很好看，我留了几根。"当工人拿出收藏的几根羽毛来，刘荫增一眼就认出是朱鹮羽毛，连忙问："你在哪儿打的？"工人带他到当初打鸟的地方，只见一个山坡上孤零零地长着几棵大树，但并没有看到鸟窝和鸟。这几根羽毛是考察队近两年调查中所见到的唯一的朱鹮身体组织，也是距离考察时间最近的朱鹮标本（羽毛标本），这给了他极大的希望和信心，也坚定了把调查的重心放在朱鹮标本主要采集地秦岭一带的决心。

于是，刘荫增第二次来到洋县寻找朱鹮，令人失望的是依然没有发现朱鹮的身影，但洋县良好的生态环境给他留下了深刻的印象。洋县广袤的汉江湿地，连绵不绝的低山丘陵，星罗棋布的水库、鱼塘，成片分布的稻田和随处可见三五成群的各种鹭鸟，这样优越的环境在他这两年所调查过的众多地方中是绝无仅有的存在。

刘荫增带领的考察队在全国范围内寻找朱鹮的同时，陕西省林业厅牵头组织中国科学院西北动物研究所、西北大学的专家组建了一个朱鹮调查小组，在省内曾经有朱鹮分布记录的地方进行摸底调查。

　　1979 年，他们根据西北大学的 1 具朱鹮标本，绘制了一幅朱鹮图片，拿着这张图沿着潼关、华县、长安、周至、眉县这些关中地区昔日有朱鹮分布、当时有稻田存在的县区进行调查，逢人就问"见没见过这种鸟"，每次的结果都是"以前很常见，现在有好多年都没见过了"。

　　1980 年春天，考察队将目光转移到了陕南地区，他们沿着佛坪、洋县、城固、西乡、安康的线路寻找，仍是一无所获。令考察队感到欣慰的是，在洋县、城固等地看到了大量的鹭科鸟类和一只黑鹳，同时也得到了"以前很多，近两年不见了"的答复，在洋县还听到个别人说"好像在哪儿见过"的话。1980 年 4 月末，考察队再次来到汉中，这次他们主要在水库、池塘、稻田及汉江湿地搜索，同样是看到了很多水鸟，但是依然未见朱鹮身影。考察队失望至极，只能放弃。

　　或许，朱鹮真的从中国灭绝了吧？

第二章　朱鹮惊现洋县

朱鹮在洋县被重新发现是意料之外，也是情理之中的事。朱鹮孑留洋县，得益于洋县独特的地理条件和良好的生态环境，得益于洋县淳朴的民风和安定的社会环境。

洋县北依秦岭，南屏巴山，气候温润，植被丰茂，生态环境极佳。汉江贯穿全境，湑水河、溢水河、傥水河、酉水河、金水河等汉江支流流经全县大部分区域，自古就有"五水育洋州"之说。洋县民风淳朴，人民深谙自然和谐之道，从不过分向自然索取，为野生动物保留了相对完整的栖息地环境，朱鹮、大熊猫、羚牛、金丝猴等众多珍稀野生动物都在此繁衍生息。

朱鹮！找到了！

1980 年冬，应中国动物学会负责人的邀请，国际鹤类基金会主席乔治·阿奇博尔德来中国访问，他带来多张 1977 年 12 月至 1978 年 4 月在朝鲜半岛板门店附近拍摄的朱鹮彩色照片。考察队将其翻拍并且制成了精美的幻灯片，计划在其后的调查中向大家展示。

1981 年，考察队将搜寻的范围缩小到了甘肃省陇南市和陕西省汉中市的各个县市，重点调查范围为甘肃省徽县、康县和陕西省城固县、洋县。这是考察队计划的最后一次调查，这次调查结束后，考察队将回北京复命，同时向世界宣告中国朱鹮考察结果。

　　1981 年 4 月，刘荫增带领考察队在甘肃考察无果后，从甘肃徽县沿路考察来到陕西洋县，这是他们 3 年来第三次来洋县，也是朱鹮考察的最后一站。在这里，考察组人员在依照朱鹮的生存栖息地条件逐地筛查的同时，也借助电影院放映电影的机会，播放朱鹮幻灯片给群众看，希望引起群众关注并提供线索，并承诺凡是为考察组提供真实有效朱鹮线索的人奖励 100 元。这笔奖金在当时人均年收入不到 100 元的洋县人的眼中绝对是大奖、重奖！

　　5 月上旬，洋县纸坊乡农民何丑旦进城卖柴，听说有人承诺给 100 元寻找一种鸟，怀着好奇的心情询问路人给 100 元找的是什么鸟，路人告诉他去电影院看看就知道了。何丑旦来到电影院，看到门口的朱鹮图片时，随口说道："红鹤嘛，前几天我还见过！"门口的检票员瞥了他一眼说道："你就吹牛吧！人家专家找遍了全中国都没找见，还给你看见了？"

　　何丑旦站在电影院门口向里张望，当看到一张张朱鹮的照片出现在幕布上时，兴奋地说："就它！就它！红鹤！前几天我在山里看见过！"检票员看他兴奋又认真的样子不像在说谎，就告诉他去林业局向考察队报信。

　　此时的考察队正在收拾行装准备离开洋县，刘荫增再三向何丑旦询问他所看见的大鸟的大小、颜色等外形特征，并拿出朱鹮照片让他再次确认，得到了肯定的答案。大家觉得何丑旦描述的大鸟外形与朱鹮十分吻合，但活动地点在海拔 1000 米以上的高山林区，这与文献中描述的朱鹮为水鸟、生活在低海拔湿地区的记录又不尽相同，是朱鹮躲在那儿，还是何丑旦在说谎？一时还很难断定。这几年，刘荫增上的当已经够多的了，匆匆忙忙奔波半天看到的不是白鹭就是牛背鹭。甚至有些"聪明人"，为了免费使用他的车，谎报在哪儿发现了朱鹮，他们开车把人送到后什么鸟都没看见。但是刘荫增又不想放过任何有价值的线索，为保险起见，刘荫增将一张朱鹮的照片交给何丑旦，让他第二天再去金家河仔细看看比对一下，并再三承诺，如果真是朱鹮，一定会兑付100元的线索费。

何丑旦是洋县纸坊乡孤魂庙村的一位农民，有一身烧制砖瓦的本领，也酷爱打猎，农忙时在家种地，农闲时进入山区为农户烧制砖瓦挣钱，实在没事干，就扛上猎枪进山打点野味打个牙祭。当刘荫增让他拿上朱鹮照片再去核实的时候，他认为专家不信任他，便信誓旦旦地说就是照片上的鸟，明天就上山打一只给带来！刘荫增哭笑不得，解释道："这种鸟已经很少了，我们找了3年都没找到，真是朱鹮的话，万万不可打死，你打死它带来，不但不会奖励你100元钱，还会处罚你，也不要惊扰它，不要让它飞到其他地方了……"

第二天，何丑旦就带着徒弟何天顺早早地去了金家河，第三天上午，他们再次来到考察队，并告诉刘荫增，金家河的鸟和照片上的鸟一模一样，绝对是朱鹮！

5月23日，考察队一行人在何丑旦的带领下翻山越岭赶往金家河。傍晚时分，在马道梁上，他们果然见到一只红羽大鸟迎着晚霞掠过天空。"是朱鹮！"刘荫增果断地说道。一瞬间，考察队成员忘记了一天的疲劳和饥饿，急忙向朱鹮飞去的地方追赶，终于在金家河河边的一棵麻柳树（枫杨）上发现了2只朱鹮。

这就是朱鹮！这就是他们魂牵梦萦的朱鹮！这就是他们走遍大半个中国苦苦寻觅了3年的朱鹮！找到了！终于找到了！考察队成员个个激动得热泪盈眶，刘荫增手握相机，无奈双手颤抖得厉害，一时竟无法按下快门。

根据朱鹮的生活习性和金家河周边的生态环境，考察队推测这一带可能还有朱鹮存在，再继续搜寻！5月27日，考察队在距离金家河几道山梁的一个叫姚家沟的小山沟里一棵百年青冈树上，又发现了2只朱鹮成鸟和3只尚在巢中嗷嗷待哺的小朱鹮，大家甭提有多高兴了。刘荫增带着调查队员继续在洋县及其周边县市寻找，但从此以后再没发现其他个体。

1981 年在姚家沟发现的一窝朱鹮　路宝忠 / 摄影

洋县找到了 7 只朱鹮！7 只！这就是当时中国朱鹮的数量，也是全世界野生朱鹮的数量！6 月 29 日，中国向全世界宣布在陕西省洋县发现了 7 只濒临灭绝的朱鹮，国内各大报社、通讯社、中央人民广播电台发出了中国洋县发现了 7 只朱鹮这个轰动世界生物科学界的特大喜讯。

金家河的悲鸣

刘荫增在向导何丑旦、洋县林业局干部姚德山的带领下，在金家河看见了苦苦寻觅 3 年的朱鹮，一行人个个激动不已。由于看见朱鹮时已近黄昏，调查队为防止朱鹮受惊扰飞到其他地方，放弃了抵近观察。一行人就近找了户农家借宿一晚，准备次日再仔细观察并寻找其他个体。

第二天天还没大亮，刘荫增就来到两只朱鹮停歇的麻柳树下，但是怎么也看不见昨晚停歇的朱鹮，就连附近的树上也看了个遍，还是不见踪影。刘荫增沮丧地回到农家，叫起队员和农家主人，吩咐早点洗漱、做饭，早饭后抓紧寻找。考察队人人惊诧不已，边洗漱边焦急地讨论着。男主人看他很着急，但听不懂他们说什么，便把何丑旦叫来问，何丑旦说这些人是找红鹤的，昨晚看见红鹤停歇在河边的麻柳树上，早上去看又不见了。男主人便说："不用着急，红鹤最近一直在河西章老汉家房后的树上做窝，没准还在呢！"男主人的话让考察队员的心稍微平静了一下，匆匆吃完早饭，就朝章老汉家走去。

章老汉家住在金家河河西的山脚下，房前是连片的水田，房后长着几棵大树，其中一棵树的树杈上横七竖八地搭着许多干枯的树枝，酷似一个乌鸦巢，树下散落着白色的鸟粪。可树上没有朱鹮！

考察队找到了正准备下田干活的章老汉，询问房后树上是不是红鹤，知不知道红鹤朝哪儿飞去了。在得到"是红鹤，可能就在不远处的秧田（水稻田）里找食"的回答后。大家分头开始寻找，很快便在一片刚插上秧苗的水田里找见了2只正在觅食的朱鹮。队员们沿河道和水田边继续寻找，可再也没看见其他个体。

下午，刘荫增一行人又来到章老汉家，一方面想等朱鹮回来，一方面也想向章老汉问问这两只朱鹮的情况、附近还有没有其他朱鹮。交谈中，刘荫增感觉到章老汉在聊家事时很健谈，但一说到红鹤，老汉总是简短几句话敷衍了事，有时候甚至会有意岔开话题。

后来，刘荫增从其他人口中得知，朱鹮原来是在章老汉家房后的大松树上做的巢，还孵出了2只小鸟。半月前，因为章老汉想要给自己做口棺材，便砍伐了大松树，树上的小鸟也摔死了，后来这对朱鹮才在现在的树上做巢。那天早上，调查队一行人去章老汉家询问朱鹮的事后，一些消息灵通的人便告诉

1981 年的金家河朱鹮巢区环境　路宝忠 / 摄影

他，这些找红鹤的人是从北京来的，省上和县里的领导都陪着，听说这鸟现在金贵得很！章老汉因为担心调查队知道自己砍树把鸟摔死，会招惹来麻烦，所以才不敢多说朱鹮的事。

金家河的这对朱鹮因为营巢的树被砍伐，小鸟摔死，错过了当年的最佳繁殖期，尽管后来再次做巢，还是没能繁殖出新的个体。四天后的 5 月 27 日，调查队在距离金家河不远的姚家沟发现了 2 只成鸟和 3 只幼鸟，世人的目光都聚集在了那里，金家河这个最早发现朱鹮的地方随即被姚家沟所取代。直到现在，当人们每每谈起朱鹮、谈起朱鹮的发现地时，自然而然地想起的便是姚家沟，几乎忘记了金家河的存在。

金家河的朱鹮夫妇并没有因为人们的淡忘而放弃努力，一直在寻找合适的营巢地，试图繁育后代，但上天似乎并不眷顾他们，几年的努力都付诸东流。

1982 年 4 月，这对朱鹮飞到洋县铁河乡代家店村南长沟一户曾姓农家房后的大树上筑巢，产下了 2 枚卵，5 月下旬 1 枚卵的雏鸟在出壳时难产死了，另 1 枚卵虽成功孵出 1 只雏鸟，但不幸的是这只"幸运儿"却在 3 日龄时夭折了。 1983 年 4 月下旬，这对朱鹮再次回到金家河营巢繁殖，产了 4 枚卵，却被乌鸦捣毁了，后来亲鸟又补产 2 枚。整个繁殖期推后了半个多月，还是没能孵出幼鸟。

　　1984 年，人们在洋县窑坪乡三岔河村老坟山的大青冈树上发现了 2 只朱鹮亲鸟和 3 只雏鸟，想着金家河的朱鹮夫妇终于繁殖出后代，功德圆满了！岂不知，这只是人们的美好愿望罢了！因为在那个年代，保护人员并没有给朱鹮佩戴环志标识，根本无法进行个体识别，而 1981 年、1982 年姚家沟出生的朱鹮已经成年（朱鹮 2—3 岁性成熟），能够进行繁殖了。因此，三岔河的这对朱鹮夫妇到底是金家河的那对，还是姚家沟朱鹮的后代相互结合的配对，或者是姚家沟朱鹮后代中的一只与金家河朱鹮夫妇中的某一只形成的新的配对？一切都无从查起，成了朱鹮保护史上一个永久的谜团。

1984 年的三岔河朱鹮营巢地　路宝忠 / 摄影

姚家沟星火燎原

姚家沟是一个地处洋县东北角海拔 1200 米的偏僻小山村，小到在地图上都找不到它，小到除了它所在乡镇的一小部分人知道它的具体位置外，其他人一无所知。然而，就是这个小到不能再小的小地方，却保存下了举世罕见的朱鹮，让全世界都知道了它的存在。

姚家沟沟谷深长约 4 千米，沟口狭窄，两岸高山林木葱郁，一条小河从山谷深处流出，河水清冽，因太阳很难直射到沟底，当地人习惯性地称其为"黑沟"。从沟口进入，步行约 3.5 千米，豁然开朗，群山环绕之中呈现出一个典型的山间小盆地，河谷周边零星分布着大约 35 亩冬水田，两侧山地树木丛生，7 户人家散落在其中。半坡上坐落着一处苏氏家族古墓群，墓地四周 15 棵百年大青冈树郁郁苍苍。姚家沟人口稀少，村民过着日出而作、日落而息、自给自足的闲适生活，35 亩水田春种秋收，冬季蓄水成为冬水田。这里保留着原始的自然风貌，像极了陶渊明笔下的世外桃源。朱鹮选择在此繁衍生息，正是看中了该处绝佳的自然环境。

朱鹮是涉禽，典型的湿地鸟类，本应生活在湿地资源丰富的河谷丘陵地带，为什么会在 1981 年出现在海拔 1200 米以上的高山区域（金家河、姚家沟等）呢？这在包括鸟类学家在内的人们眼中是一件不可思议的事。这也是当初刘荫增先生接到纸坊乡村民何丑旦报告在金家河有朱鹮活动信息时，再三跟其确认是否为朱鹮的主要原因。朱鹮选择在金家河和姚家沟高海拔山区生存繁衍，是无奈的选择。这一点从刘荫增先生后来所作的《牧鹮谣》中能够得到答案："因逢'大跃进'，改掉冬水田。伐木大炼钢，巢卵岂存焉。为避时之乱，举家去深山。"

由于环境的变化让朱鹮失去了理想的觅食和栖息环境，为了生存它们迫

1981 年的姚家沟朱鹮营巢地　路宝忠／摄影

不得已进入贫瘠的高山区苟延残喘。朱鹮进入金家河和姚家沟的高海拔山区生存繁衍，也是一种聪明的选择。这里虽然山高沟深，但依然有少量的冬水田零星分布，为其提供了最基本的食物来源；山区林木繁盛，为其提供筑巢繁衍的基本场所。"避乱入山"成功地躲避了灭族绝种的生态危机，为朱鹮种群留下了"火种"，为种群的复壮提供了可能。

1981 年 5 月，刘荫增在姚家沟苏氏墓地旁的第七棵大青冈树上发现了当时仅存的 7 只朱鹮中的 5 只，随后保护科研工作人员进驻姚家沟，成为这个小山沟里的第八户人家，开始了持续 10 年的保护研究工作，直至 1991 年，一只亲鸟在雷草沟水库附近被人为猎杀，朱鹮再不归来，保护研究人员才陆续撤离。

1981—1991 年，保护科研人员在姚家沟先后开展了朱鹮行为生态、繁育、雏鸟的救护饲养、人工投食和植树造林、水田生物资源恢复等多方面的保护研究，破解了早期朱鹮保护方面的种种难题，使朱鹮这一珍稀物种很好地保存了下来，而且种群一步步壮大。

朱鹮巢区环境　翟天庆／摄影

　　姚家沟是朱鹮的发现地，也是公认的现今朱鹮的起源地，是朱鹮保护研究人员和喜爱朱鹮的人们心中的圣地。1981—1991 年间，这里一直是朱鹮繁衍生息的重要地方，在这里一对英雄的朱鹮父母 10 年间累计产卵 30 枚，出壳雏鸟 21 只，出飞幼鸟 19 只，它们对中国朱鹮的拯救事业居功至伟。

为什么会在洋县？

　　朱鹮孑留在洋县，在人们的呵护下逐渐恢复和壮大，得益于洋县独特的地理条件和良好的生态环境，得益于洋县淳朴的民风和安定的社会环境。

　　洋县位于汉中盆地东缘，北依秦岭，南屏巴山，秦巴山系在洋县东部相迎，形成了三面环山、一面向川的地势。整体地貌以汉江为起点，分别向南北呈台阶状上升，东北高陡，南部坡缓，中部低平，最低海拔389.7 米，最高海拔2681.3 米，朱鹮主要活动在 400—1200 米的平原和中低山地带，从地形上可以分为平川、丘陵和山地三种类型。

　　洋县地处暖温带到北亚热带的过渡气候带，气候季节性变化明显。全年雨热同期，温暖湿润，雨量充沛，四季分明。北有高大秦岭屏障，寒潮不易侵入，冬无严寒；南有较低巴山阻隔，有效阻隔了部分暖湿气流进入，夏无酷暑。年平均气温 12℃—14℃，极端高温 38.37℃，极端低温 −10.1℃。气候条件得天独厚。

　　洋县水资源十分丰富，汉江由西向东横贯洋县全境流程 84 千米，湑水河、溢水河、傥水河、酉水河、金水河、子午河、沙河、东沙河等 9 条支流在此汇入汉江，其中流量较大的河流有 5 条，自古就有"五水育洋州"之说。洋县的湿地类型多样，主要包括河流等天然湿地和水库、稻田等人工湿地。汉江及其支流流域面积 2841 平方公里。大小水库 80 余个，总库容 6.9×10^7 立方米；池塘 2232 个，总水面面积 710.6 公顷；水田面积 12 773 公顷。丰富的湿地资源为朱鹮提供了优越的觅食、栖息场所。朱鹮活动区的耕地类型为旱地、冬水田和水旱两季田，冬水田常年积水不能排干，只能夏季栽种水稻，冬季闲置成为

洋县汉江湿地环境　柯立 / 摄影

洋县苎溪河湿地环境　柯立／摄影

冬水田；水旱两季田夏季蓄水种植水稻，其他季节排干积水种植其他农作物。冬水田主要分布在中低山区和丘陵地带，是朱鹮主要的繁殖期觅食地。

　　洋县位于我国南北鱼类类群分布的交替区，鱼类资源丰富且垂直分布明显。海拔1000米以下的低海拔地带主要栖息着鳅科的沙鳅亚科、花鳅亚科的泥鳅属，鲤科的鳡鲏亚科、鮈亚科、雅罗鱼亚科、鲴亚科、鲢亚科的大多数种类以及鲶科、钝头鮠科和刺鳅科的绝大多数种类。海拔1000米以上的区域分布着中华花鳅、马口鱼、宽鳍鱲、麦穗鱼、棒花鱼、多鳞铲颌鱼、峨眉后平鳅、秦岭细鳞鲑、贝氏折罗鲑等鱼类。

　　洋县的植被以暖温带落叶阔叶林、北亚热带常绿阔叶林和落叶阔叶混交林为主，种类繁多，仅乔木就有72科152属321种。由于地形地貌、土壤、气候等条件的影响，植被类型复杂，垂直分布明显。海拔800米以下为常绿阔叶林带，优势树种有马尾松、麻栎、刺槐、杨树等；800—1800米为落叶林和针阔混交林带，优势树种为油松、栓皮栎、板栗、山杨、合欢等；1800 米以上为针阔混交林和亚高山针叶林带等。

洋县优越的生态环境为孑留的朱鹮提供了理想的栖息地，经过多年卓有成效的保护，朱鹮种群数量快速壮大和恢复，并以洋县为中心逐渐自然扩散到汉中地区的大部分县市。

与此同时，科研保护人员将野外救助的个体进行人工饲养繁育形成了北京动物园和洋县两个人工种群，其后通过赠送、提供和野化放归的方式，帮助国内多地和日本、韩国建立了多个异地人工种群和野外种群。朱鹮已经从洋县一隅向全国扩散，飞出国门在日本、韩国安家繁衍，正在向历史分布地逐步回归……

2005 年，陕西朱鹮救护饲养中心朱鹮雕塑落成，陕西汉中朱鹮国家级自然保护区管理局请刘荫增先生为其题字，刘先生略加思索后挥毫写下了"朱鹮之原"四个隶书大字。那么，为什么要用"朱鹮之原"这 4 个字呢？刘先生解释说："'原'本意是原来、本来、最初的、最早开始的意思，'朱鹮之原'就是告诉参观者这是最初发现朱鹮、最早开始保护朱鹮的地方。也告诉朱鹮保护者朱鹮保护工作才刚刚开始，朱鹮保护的路还很长。同时'原'还是'源'的古字，含有发源、起源的意思，也让大家铭记这里是在现代朱鹮的发源地，全世界所有朱鹮都来自这里。还有一点就是洋县地处汉江河畔，气候温润、雨量充沛，从来不缺三点水……"刘先生爽朗地笑着，看来他是想让每个看到朱鹮的人都记住朱鹮，记住洋县，记住保护之路。

第三篇
保护朱鹮
BAOHU ZHUHUAN

珍惜每一棵朱鹮栖息树木

保护每一块朱鹮觅食水田

爱惜朱鹮产下的每一枚卵

呵护每一只朱鹮幼雏

张跃明 / 摄影

几只朱鹮贴着江面飞翔　张跃明 / 摄影

第一章　就地保护

　　一代又一代的护鹮人殚精竭虑、栉风沐雨，用他们美好的青春年华守护着朱鹮的安全，捍卫着朱鹮的家园。朱鹮停歇、做巢的每一棵林木，朱鹮觅食的每一块水田，朱鹮产下的每一枚卵，孵化出的每一只幼雏，都受到他们的精心呵护。

　　时光荏苒，岁月如梭，40 多年过去了，护鹮人用他们的智慧独创的"朱鹮模式"，成功拯救了极度濒危险些灭绝的朱鹮，使其基本摆脱了濒危的局面，朱鹮保护被誉为"世界濒危物种保护的成功典范"。

保护策略与法律保障

　　朱鹮在秦岭南坡的洋县被重新发现震惊了世界。7 只朱鹮，2 个家庭，4 只成鸟，3 只幼鸟，牵动着全世界的心。人们在庆幸朱鹮这一古老物种尚存之余，也不禁担心存世数量如此之少的它们，能否承载种群恢复的希望。毕竟当年日本政府把仅存的 5 只朱鹮全部捕获进行易地保护，同时宣告朱鹮在日本野外绝灭。然而，日本试图建立朱鹮人工种群，通过饲养繁殖的保护计划并不乐观。由于捕获时的个体已经多年未能在野外成功繁殖，加之饲养过程中出现的疾病和管理问题等原因，一些个体陆续死亡，仅留下的几只个体虽经多方努力也未能繁殖出一只幼鸟。中国的朱鹮保护在没有任何成功经验可借鉴、没有任何成功案例可遵循的情况下，能否突破危局，让这一弱小的种群重新壮大？

蹲守监护　路宝忠 / 摄影

　　世界的目光聚焦到了中国。中国的朱鹮拯救与保护面临着巨大压力。野生动物保护专家和科研人员用"谨小慎微"的态度大胆探索，摸索出了一条适合自己的保护道路，将朱鹮拉出了几乎灭绝的危险境地。

　　和日本当年的情况不同，虽然中国朱鹮被发现时数量极少，但成鸟尚具繁殖能力，仍能够在野外成功繁殖，这给中国朱鹮拯救带来了无限信心和希望，也是朱鹮保护过程中令人感到十分欣慰的一点。

　　专家和科研人员认真分析中国朱鹮种群状况、栖息地现状，总结国际野生动物拯救的经验教训，制订了以就地保护为主、易地保护为辅，就地保护与异地保护相结合的保护策略，在优先做好就地保护的前提下，适时开展易地保护，迅速提升种群数量、扩大分布范围，以实现对朱鹮的成功拯救。一场轰轰烈烈的抢救性保护朱鹮的行动开始了，而且一干就是 40 多年。

然而，在保护朱鹮这条艰辛的路上，只有专家、科研人员的努力是不够的，还需要让朱鹮栖息地的当地人树立不破坏生态环境、保护朱鹮的意识，这不仅需要宣传的持续深入，还要靠法律来约束。

20世纪80年代初的中国农村，人们尚未完全实现温饱，向自然索取是人们最简单而有效的生存方式。砍伐森林、开垦湿地、开采矿产和偷猎等破坏资源和环境的现象十分严重，人都吃不饱，穿不暖，谁会在乎一种鸟是不是要灭绝？

1981年洋县人民政府发布的保护朱鹮的通知

那要怎么办呢？

可喜的是，中国政府对朱鹮保护面临的主要问题的认识非常到位，对朱鹮保护工作高度重视。他们知道保护朱鹮，最根本的就是保护朱鹮赖以生存的栖息地环境；他们也知道，在群众保护意识普遍不高的当时，唯有通过法规、法律和政府文件的形式约束群众对环境的破坏行为，才是最有效的途径。

1981年5月27日，也就是朱鹮被重新发现后的第四天，洋县人民政府就及时发布了《关于认真保护珍鸟朱鹭（鹮）的紧急通知》，明确提出了不准在朱鹮活动区狩猎，不准砍伐朱鹮营巢栖息的林木，不准在朱鹮繁殖巢区开荒、

放炮等，以地方性法规的形式约束当地群众有可能干扰和破坏朱鹮栖息地的行为。其后陕西省林业厅、陕西省人民政府也先后发布了加强朱鹮保护的通知，以政府公信力和行政约束力有力地推进了朱鹮保护工作。1983 年 5 月，国务院发布了《关于严格保护珍贵稀有野生动物的通令》，朱鹮被明令保护。1988年 11 月通过的《中华人民共和国野生动物保护法》，把朱鹮列为国家一级保护动物加以保护。

有了这些法律、法规的保障，有了专家和科研人员的具体保护措施护航，朱鹮的保护工作才得以顺畅进行下去。

第一个朱鹮保护机构

姚家沟发现的 7 只朱鹮，吸引着全球目光，名不见经传的姚家沟一夜之间闻名中外！

1981 年 6 月，陕西省洋县人民政府紧急抽调洋县林业局 4 名小伙子成立"四人保护小组"进驻姚家沟，配合刘荫增先生开展朱鹮保护工作，组长为路宝忠。

深沟之中的一间土屋，房前空地上，几张矮凳，一张破烂不堪的木桌，就是他们四人的办公场所。为了牢记自己的工作任务和责任，也希望有更多朱鹮在他们的努力下再次被发现，工作之余，路宝忠同志找来一块木板，写上了"秦岭一号朱鹮群体临时保护站" 13 个大字，并郑重地挂在租住房屋的门头。至此，国内第一个朱鹮保护机构诞生了，四人保护小组成为这群濒临灭绝的朱鹮最早的监护人。

四人保护小组是最早的护鹮人，他们唯一的愿望和全部的工作动力，就是把朱鹮保护下来，让每一个生命得到绽放，让种群数量迅速增大。为此，他们年复一年、夜以继日、不辞辛劳、无怨无悔地坚守在朱鹮跟踪、巡护、守护

秦岭一号朱鹮群体临时保护站　刘荫增/摄影

的岗位上，他们不懂那些历史使命的大道理，他们只是默默地付出、无私地奉献着。四人之后，还有四人，更多的人加入保护朱鹮的队伍，成为护鹮人，用心用爱做着一件伟大的事情。

春季是朱鹮的繁殖季节，也是朱鹮保护充满希望和收获的季节。护鹮人背上行囊，告别家人，跟随朱鹮翱翔天空的飞羽，进入朱鹮巢区，在朱鹮巢

巢树下的监护棚和保护措施　翟天庆 / 摄影

树附近选择一处能够清楚看到巢中朱鹮和卵的位置，搭建一个简陋的"人"字形小窝棚，开始全天候的坚守。这段时间，他们的重点工作是防范蛇、鼬、鹰等天敌猎食朱鹮的卵和幼雏，防止雏鸟坠巢死亡。护鹮人满心满眼都是树上的朱鹮家庭，这是他们这段时间工作和生活的全部，每一枚卵、每一只雏鸟都是他们守护的对象。

7 月中旬，朱鹮双亲带着儿女，逐步离开营巢区域，来到更为广阔、丰饶的平原地带生活。护鹮人刚刚结束艰苦的蹲点守护，又被迫草草收拾行装，开始跟随朱鹮的脚步向平川地带进发，等待他们的是更为艰辛和漫长的跟踪保护。

朱鹮飞到哪，护鹮人就跟到哪，朱鹮在哪觅食，在哪停歇，他们就在哪守护观察。用保护者自己的话说，就是绝不能让朱鹮脱离自己的视线，他们称呼自己为"牧鹮人"，对待朱鹮就像管理自家放牧的家畜一样，时刻盯着，观

无线电遥测跟踪监护朱鹮　路宝忠/摄影

察着它们的一举一动，关注着它们栖息地环境的每一点细微的变化，最大限度地保障朱鹮的生存安全。

这个看似非常简单的工作，却让他们吃尽了苦头，在那个通信靠吼、交通靠走的年代，"朱鹮翅一扇，人把腿跑断"是护鹮人真实的工作写照。他们费尽心思、翻山越岭找到朱鹮，还没喘上几口气，这群精灵又振翅高飞了，他们不得不眼望着朱鹮飞去的方向，又开始艰难的寻找……

"在朱鹮刚发现的那几年，我们几乎每月要穿烂一双解放鞋。"四人保护小组的成员王跃进说，"人家的鞋子是帮子（鞋面）烂得穿不了，我们的鞋子是鞋底磨穿了没法穿！后来，80年代末，朱鹮也陆续从高山区到平川地带活动，德国人赠送给我们几套无线跟踪仪，日本人捐赠了几辆摩托车，用上了这些高科技我们的双脚才稍微得到了解放……"

一边是护鹮人对朱鹮无微不至的保护，帮助朱鹮抵御天敌；另一边，又有不法分子对朱鹮进行人为猎杀，令人心痛。守护朱鹮的家，道路仍然漫长，任务依旧艰巨。

在朱鹮被重新发现之后的第四天，当地政府就发出了保护朱鹮的通知，明令禁止在朱鹮栖息地砍伐、打猎。其后陕西省和国家也发出了相关的保护通知和命令，但朱鹮被猎杀的悲剧依然时有发生。1982年7月17日，洋县人崔某、黄某打猎误杀一只朱鹮，打伤一只，二人立即自首。朱鹮被猎杀，舆论哗然，崔黄二人被判处有期徒刑一年零六个月。崔黄二人的猎杀行为，将朱鹮的种群数量瞬间拉回到了1981年，使其再次在灭绝的边缘徘徊。崔黄二人受到了法律的惩处，起到了一定的震慑作用，他们用铁窗生涯告诫人们：朱鹮是被法律保护的动物，绝不允许被伤害。

1988年《中华人民共和国野生动物保护法》颁布实施，朱鹮被列为国家一级保护动物，但还是没能阻止悲剧的再次发生。1990年9月12日至14日，洋县五间乡老庙村雷草沟水库，连续发生三只朱鹮被猎杀的特大恶性案件，一时轰动国内外。国家公安部组成专案组，前来洋县督导侦破，汉中、洋县两地48名公安干警经过7天7夜连续奋战，将犯罪嫌疑人皮某、项某抓获归案，洋县法院进行了公开审判，两人分别被判处七年和五年有期徒刑。皮某、项某二人猎杀的三只朱鹮中，有一只就是1981年朱鹮被重新发现时姚家沟巢区的亲鸟。次年4月，只见一只朱鹮在姚家沟上空孤寂徘徊，不断哀鸣，从此以后姚家沟巢区再无朱鹮筑巢繁殖，朱鹮"圣地"就此落寞。

为杜绝人为灾难继续降临到朱鹮身上，1990年底，洋县政府通告全县全面禁猎。1991年洋县公安局开始收缴县内猎枪弹药，全面封存县内所有单位及个人的枪支弹药，累计封存枪支3237支，从根源上杜绝了悲剧的再次发生。

秦岭一号朱鹮群体临时保护站承载了全球朱鹮保护的美好愿景和企盼，它像一粒种子，在洋县姚家沟这座简陋的民宅中，种下保护朱鹮的美好希望，尽管在神秘而美好的秦岭地区秦岭二号朱鹮群体、秦岭三号朱鹮群体等一直未被发现，却呼吁更多的人加入保护朱鹮的行动中来。几十年来，在一代又一代护鹮人的努力下，终于换来了朱鹮在洋县大地自由翱翔的新局面。

环志是身份证

为了准确掌握每一只朱鹮个体的活动情况，同时了解朱鹮种群结构、活动规律和发展动态等，保护科研人员在每一只朱鹮幼鸟离巢前都要为其佩戴脚环（环志），同时对个别身体强壮的朱鹮佩戴无线电发射器或 GPS 卫星定位装置进行跟踪研究。

环志是朱鹮的"身份证"，具有唯一性，它详细记录了朱鹮的身份信息，比如出生地、出生时间、父母名称、后代数量以及生活轨迹等。环志标识一旦完成，将会像人的身份证一样伴随朱鹮一生。早期的朱鹮环志主要为黑、白、红、黄、蓝、绿六种颜色的塑料环，佩戴时根据颜色组合搭配使用，如左红右绿、上绿下白等，从而实现个体的区分。2000 年后，朱鹮种群数量增加，简单的颜色搭配组合已经不能满足所有朱鹮的标记需要，逐渐采用数字及数字与字母组合的环志进行个体标识，如 001、999、A01、Z99 等。通过环志标识，建立了完整的朱鹮谱系，无论何人在何地发现佩戴环志的朱鹮，都可以通过查阅谱系记录，准确了解它的基本情况等。

朱鹮佩戴环志的最佳时间是 25—30 日龄，此时幼鸟的重量为 1200—1500 克，骨骼发育已经基本定型，初具朱鹮的模样，仅飞羽和尾羽未发育完全，能在巢中自由走动，但尚不能飞翔，朱鹮亲鸟也不再"暖雏"。此时为朱鹮佩戴环志，既方便捕捉，又不用担心环志佩戴后掉落或卡住影响幼鸟生长发育。

佩戴彩色数字环志和金属环志的朱鹮幼鸟　张跃明 / 摄影

　　1987 年，陕西朱鹮保护观察站首次为朱鹮佩戴环志，环志材料为日本山阶鸟类研究所提供的单色塑料板材。工作人员根据朱鹮跗跖的直径计算好所需材料长度，按照 1 厘米的宽度裁剪后，经过加热定型，加工成圆环为幼鸟佩戴。据统计，1987—2018 年陕西汉中朱鹮国家级自然保护区管理局累计环志朱鹮 3000 余只，绘制了完整的朱鹮谱系。经过多年从未间断的环志工作和持续的跟踪、观察研究，及时了解和掌握了每一只朱鹮的生活情况和整个朱鹮种群的生存状况，清楚地掌握了朱鹮的生活习性、种群结构和活动规律，及时掌握了种群扩散动态、朱鹮对栖息地的利用规律等重要信息，积累了丰富的第一手资料，为保护科研工作奠定了坚实的基础，也为朱鹮保护措施的制定起到重要的指导作用。

　　环志是朱鹮谱系建立的基础，朱鹮谱系需记录个体的一切信息，性别自然而然的成为重要的记录内容。

朱鹮是雌雄同型的鸟类，单从羽色和外形上很难区分其性别，如同《木兰辞》中的"双兔傍地走，安能辨我是雄雌？"但仔细观察还是有"雄兔脚扑朔，雌兔眼迷离"的细微差别。

成年朱鹮的性别鉴定，主要依靠工作人员对朱鹮的细致观察，发现雌雄个体间的细微差异来进行判定。比如，食量大小、体重、体长、头型、体型和喙的长度、直径以及一些日常行为等。研究人员经过长期的观察、统计，得出了如下区分朱鹮雌雄的方法：

性别	食量	体重	喙	头型	体型	其他
雄性	较大	1700—1900g	长度约18cm；喙较粗壮	头面部较大，额部近似方形	健硕	胆大；好争斗
雌性	较小	1400—1600g	长度约16cm；喙较纤细	头面部较小，额部较圆润	清秀	胆小；较温顺

从外形上鉴定朱鹮性别，通常会受到个体营养状况差异和鉴别人员对朱鹮形态的认知程度的影响，准确率较低，通常情况下，即使是经验丰富的工作人员，其鉴别的准确率也只能保证在80%左右。同时，从外形上对朱鹮进行性别鉴定，还存在时间上的短板，只能对亚成鸟和成鸟进行鉴定，无法对生长发育期的雏鸟和幼鸟进行鉴定。

随着分子生物学的发展和相关技术的广泛应用，DNA水平的分子性别鉴定成为朱鹮性别鉴定最有效的方法。为此，丁长青等人根据鸟类CHD基因内含子在Z、W染色体上的长度差异，设计跨内含子引物对，从而发明了一种朱鹮性别鉴定的PCR方法。根据PCR扩增产生不同的带型，对朱鹮的性别进行简便、准确的鉴定，解决了朱鹮性别鉴定准确率低及雏、幼鸟期鉴别困难的问题。目前，工作人员只需在朱鹮雏鸟出壳时采集蛋壳内残留物，或在朱鹮生长发育的任何时期采集朱鹮羽髓、血样等组织样本，委托基因检测机构进行检测，即可获得准确的个体性别信息，非常简便且十分准确。

维生素 B$_1$ 缺乏引起的神经性症状　庆保平 / 摄影

救助生病的朱鹮

"吃五谷，得百病"，这句话不但适用于人，也同样适用于朱鹮。无论护鹮人怎么细心呵护，疾病总是不经意就发生了，外伤、寄生虫感染、细菌感染是朱鹮常见的疾病。每一次朱鹮细小的伤痛，都牵动着护鹮人时刻紧绷的神经。疲惫的护鹮人此时不得不扮演起朱鹮的医生、护士等角色，承担起病伤朱鹮的救治、饲养任务。无论是白天还是黑夜，无论是晴天还是雨雪天气，无论道路多么遥远和崎岖，护鹮人总会在第一时间及时赶到病伤朱鹮身边，将它视同儿女一样搂在怀里，及时给予救治。打针，吃药，喂食，喂水，清洁消毒，每一个环节都做得认认真真、一丝不苟。遇到危重的病情，还要为其邀请名医诊治，甚至不远千里护送它到专门的医疗机构救治。

西北农林科技大学（原西北农业大学）是教育部直属的重点高校，是国家最早的一批"985"高校和"双一流"大学，也是陕西省著名的大学。学校的动物医学专业历史悠久且底蕴深厚，其专业水平驰名中外，因此朱鹮的疾病救治与研究工作自然落到了这里。

二十世纪八九十年代，朱鹮数量非常稀少，任何一只朱鹮的伤、病、死亡都会对种群的发展造成不可估量的损失，西北农林科技大学动物医学学院就成了护鹮人经常光顾的地方，他们有时送去病重的朱鹮进行抢救，有时送去死亡的朱鹮进行研究，探寻其死亡原因，并请专家教授提出防治意见。

为此，西北农林科技大学在陕西省林业厅的请求下专门成立了朱鹮救治与疾病研究小组，基础兽医系的范光丽教授、预防兽医系的杨增岐教授成为研究小组的重要成员，他们在朱鹮的解剖、生理、病理、传染性疾病的防控方面做了大量的研究，为朱鹮疾病的救治和预防工作的开展奠定了坚实的基础。

西北农林科技大学地处关中平原，朱鹮生活在汉中盆地，中间隔着天堑秦岭，在尚未修建高铁和高速公路的年代，两地之间的往来需要翻越秦岭，耗时将近一天，这给病伤朱鹮的救治带来很大麻烦，病伤朱鹮送到西北农林科技大学或是西北农林科技大学的专家、教授来到洋县为朱鹮治疗，均错过了最佳的治疗时间，往往是轻症拖延成重症，重症发展成绝症。

鉴于此，90年代初，朱鹮救治与疾病研究小组向陕西省林业厅建议，朱鹮的疑难病症、传染性疾病继续由西北农林科技大学研究并救治，常规性疾病交给汉中市畜牧兽医中心的专家进行救治，外伤尤其是骨外伤可交给洋县人民医院的专家处理。

这项合理的建议很快被采纳，汉中市畜牧兽医中心的高级兽医师王广智、洋县人民医院的骨外科主任医师余学文成了朱鹮的专门医生。后来，余学文主任退休，继任的纪宪超主任主动承担起了这项工作。

2000 年，朱鹮数量突破 200 只，每年生病的朱鹮个体也随之增多，朱鹮局接收了西北农林科技大学推荐的兽医专业的我来单位工作，并负责病伤朱鹮的救治。尽管如此，朱鹮局始终与西北农林科技大学、洋县人民医院保持着联系，一直在合作开展朱鹮救治与研究工作。

"华华"与"难难"

在就地保护朱鹮的过程中，还发生了两件令人揪心的事情。

1981 年 5 月底的一天，刘荫增正在做午饭，临时帮忙看管朱鹮的王明娃气喘吁吁地跑到厨房告诉他，一只小朱鹮从树上掉下来了。刘荫增急忙放下锅铲跑到巢树下，果然看见一只小朱鹮卧在地上不停地颤抖，见人走近也不挪动一下身躯。刘荫增轻轻抱起小朱鹮，仔细检查了它的全身，发现并未受伤。"可能是饿坏了！"刘荫增发动群众抓来了几条木叶鱼（山区溪流中的一种小鱼），试探性地放到小朱鹮嘴里，没想到它竟然迅速地吞咽了。真是饿坏了！

随后，他让村民趁着朱鹮亲鸟外出的空隙将小朱鹮送回巢中，并仔细观察它的一举一动。一连几次亲鸟觅食回来，都把食物喂给了个体大、争食能力强的老大和老二，这只可怜的小家伙整个下午都未能吃到一口食物。天黑前，刘荫增砍了许多带叶的小树枝，在朱鹮巢的下方铺了厚厚的一层，以防止这只小鸟再度跌落受伤。一夜平安无事。次日上午，在亲鸟的一次喂食中，这只小鸟在争抢中又不慎跌落了下来，好在有提前铺好的枝叶缓冲，这只小鸟并没有受伤，但彻底成了"弃儿"。

看来这个小家伙不能再放回巢里了，若再放回去不是饿死就是摔死！刘荫增决定将这只小朱鹮暂时收养起来，但是在山上仅靠从小溪中捕捉的小鱼是无法满足小朱鹮的食物需要的，于是他决定将小朱鹮带下山交给合适的单位饲养。下山后，刘荫增第一时间联系了陕西省林业厅和国家林业部，向他们说明了小朱鹮的情况，并建议进行人工饲养。后来，国家林业部考虑到朱鹮的珍稀性和国内动物园的饲养条件及管理水平，决定由北京动物园负责收养。

6 月 23 日，北京动物园安排鸟类饲养班班长王德成来洋县接小朱鹮到北京动物园，他们对小朱鹮的身体进行了全面且仔细的检查，认为这个小家伙除了营养不良外没有什么大的问题，将其命名为"华华"后带去了北京动物园。"华华"的生命力很顽强，在饲养员的精心照料下，很快就康复了。

后来，以"华华"的故事为素材创作的文章《朱鹮飞回来了》被选入小学语文课本，成为孩子们最早了解朱鹮的窗口，在他们幼小的心灵里播下了生物多样性保护的种子。再后来，成年的"华华"肩负着拯救即将灭绝的日本朱鹮的使命，远渡重洋与日本雌性朱鹮"阿金"联姻，遗憾的是那时的"阿金"年事已高，已经失去繁殖能力，配对未能成功，但"华华"为中日友好交流与合作写下了浓墨重彩的一笔。

时隔 11 年，又有一只野生小朱鹮发生了意外。那是 1992 年 6 月的一天，洋县电视台和广播电台突然中断了正常的节目播出，插播了一条寻找朱鹮的启事：一只名为"难难"的朱鹮走失，知情者速告知，朱鹮保护站有重赏。"寻鹮启示"？太不可思议了！所有看到这则启事的人都这么想。但它却是真实存在的事！还在洋县引起了轰动。

"难难"是一只调皮的小朱鹮。大约在 5 月，它刚在巢中开始学习振翅而飞，就迫不及待地往站在树枝上的父母身边跳跃，但是它显然太高估自己了，结果就从 7 米多高的巢树上结结实实摔了下来，翅膀都摔坏了！监护员雍水生救起它，赶紧把它送到洋县人民医院。登记患者姓名时，雍水生想到"大难不死，必有后福"这句话，便给它起名 "难难"，治疗结束后，雍水生把它送到朱鹮救护饲养中心进行恢复饲养。

"难难"在饲养员的精心照顾下恢复得很快，不到 20 天就能扇动翅膀了。

刚救助回来的"难难"与保护人员王跃进、雍水生　路宝忠 / 摄影

这天医生为它拆除了翅膀上的固定夹板，并告诉饲养员让"难难"多晒太阳多活动，这样恢复得快一些。饲养员遵照医生的叮嘱，将它放在树荫下，为防止它乱跑，还用1米多高的网子围了个3平方米左右的活动场地。饲养员把它安置妥当，就去饲喂其他朱鹮了，可过了不到1小时，饲养员再来看时，它竟然不见了！

　　"'难难'不见了！'难难'拖着刚刚恢复的翅膀飞走了！"救护饲养中心瞬间炸开了锅。这在全国朱鹮数量不足50只的当时，无疑是重磅炸弹！也是重大工作事故！朱鹮观察站不敢隐瞒，立即向陕西省林业厅和洋县人民政府做了汇报。洋县政府高度重视，立即成立了以副县长舒含芬为总指挥的领导小组，要求县公安局、林业局、乡镇办和朱鹮观察站迅速行动起来，一定要找到"难难"；同时还要求洋县电视台和广播电台向全县人民发布"寻鹮启事"。

　　大家开始到处寻找"难难"，可一连三天都没有任何消息！"难难"能不能找到吃的？会不会饿死？会不会被其他动物吃掉？大家都为之担心。正在大家焦急万分时，纸坊乡的村民白英抱着"难难"到了朱鹮救护饲养中心。交谈才知，这天何文强请白英帮忙插秧，两人路过纸坊中学门口时，看见几个小孩子拿着石子往学校门口的大柳树上扔，他们抬头一看，树上一动不动趴着一只污灰色的鸟。"这只鸟会不会是这几天全县人民寻找的朱鹮？"何文强小心翼翼地爬上树，迅速抓住了鸟，把它抱了下来，发现鸟腿上带着"戒指"，翅膀上还渗着血。"可能是朱鹮！"于是，两人骑着自行车抱着"难难"来到了朱鹮救护饲养中心。

保护朱鹮栖息地

就地保护朱鹮，不仅是保护朱鹮个体，更要保护它们赖以生存的栖息地，这样才能让朱鹮得以长久繁衍。

朱鹮的栖息地从生态类型上可分为森林生态系统和湿地生态系统。朱鹮喜欢在森林（林地）建立巢穴，成立家庭，养育孩子。白天，朱鹮飞到湿地寻找食物；夜晚，朱鹮回到森林中高大树木上的家里睡觉。所以，保护朱鹮栖息地的工作主要围绕着林地和湿地的保护而开展。

朱鹮栖息地森林生态系统的保护，主要采取植树造林、封山育林和使用补偿、生态补偿等方式进行。朱鹮被重新发现之初，护鹮人就认识到良好的森林生态对朱鹮生存的重要性，每年的冬春季节，他们在保护观察朱鹮之余都会购置树苗绿化荒山，先后在姚家沟、三岔河等朱鹮巢区种植松树、杉树、板栗等树木10万多株，人工造林2000多亩，当年栽植的树木如今胸径均达到20厘米以上，部分树木已成为朱鹮营巢和夜宿的林木。

朱鹮栖息地的封山育林保护措施始于1981年。当时为了使朱鹮的繁殖、夜宿环境不被人为破坏，朱鹮保护观察站对朱鹮营巢、夜宿的林木进行了征购保护，并与林木所有人约定，朱鹮营巢树或夜宿林木周边100米的范围内禁止

朱鹮夜宿林木挂牌保护　张跃明 / 摄影

树木采伐、砍柴、放牧等。此种方法一直沿用到 1997 年前后，累计征购林木 600 余株，几乎涵盖了当时朱鹮营巢、夜宿的所有树木，对稳定朱鹮的繁殖、夜宿，促进种群发展起到了至关重要的作用。

2000 年以后，朱鹮营巢地和夜宿地逐年增多，保护区采用对朱鹮营巢的树木按照每株 100 元的补偿方式予以保护，对夜宿林木和连片营巢的林地划片封育保护，给予林木所有人一定的经济补偿，并委托其进行生态管护。这些措施的实施，对稳定朱鹮的繁殖、夜宿起到了十分有力的保障作用。

"鸟为食亡"，食物资源的丰富度在很大程度上决定着朱鹮的生存状况，因而对朱鹮觅食地的保护就显得至关重要。朱鹮的觅食地主要为河流湿地和农田湿地。对农田湿地的保护主要是保护朱鹮可利用农田（冬水田）的面积和促

保护人员在汉江开展增殖放流活动　庆保平 / 摄影

进农田生物资源的恢复。

从 1981 年开始，护鹮人采取农田翻犁蓄水补贴的方式，要求朱鹮巢区的农民在秋冬季节及时对冬水田进行翻犁蓄水。同时，朱鹮保护观察站结合朱鹮繁殖期觅食需要，在水田中投放泥鳅、鱼虾，在解决朱鹮繁殖期食物相对不足的同时促进水田生物快速恢复。实践证明，这种保护方式对稳定朱鹮繁殖、提高雏鸟成活率和出飞率的作用十分明显。

2000 年以后，随着朱鹮觅食地范围的扩大和对朱鹮觅食地生态环境及利用情况研究的深入，保护局对朱鹮觅食地农田湿地保护方针进行了调整，将工作的重点转移到觅食地面积的扩大、质量的提升以及生境的恢复和重建上来。

2003 年，保护区管理局率先引入绿色水稻种植示范项目，通过开展有机

种植提升农田环境质量，促进农田生物资源恢复，为朱鹮提供安全、优质的觅食地环境。

2010 年，保护局启动人与朱鹮和谐共存地区环境建设项目，一方面鼓励农民开展有机种植，提升朱鹮觅食地环境质量；另一方面组织实施损毁池塘和灌溉渠道的修复，恢复弃耕水田，扩大朱鹮觅食地面积。

2018 年，保护区在朱鹮栖息地实施"鹮田一分"项目，每种植一亩有机水稻，稻田边上留出一分空地作为朱鹮觅食地，稻田投放泥鳅、鱼虾种苗，促进水生生物资源恢复。这一举措缓解了稻田封垄期朱鹮不能进入稻田觅食的困难，有效地解决了朱鹮"食"的问题。

河流、滩涂等天然湿地是朱鹮游荡期觅食的主要场所。从 20 世纪 90 年代后期开始，朱鹮逐渐向低海拔地区扩散，天然湿地对朱鹮生存愈发重要。

天然湿地的保护，主要是保证湿地生态系统的完整性和生物多样性。其措施包括禁止淘金、挖沙、采石，禁止非法捕猎、过度捕捞，禁止放牧、垦殖等破坏生态环境的行为，同时积极实施污染治理、增殖放流、植被恢复等生境恢复举措。

朱鹮发现之初，当地政府和林业、水利、矿产等多部门，多次下发通知、公告，禁止在朱鹮栖息地河道进行破坏生态环境的行为。朱鹮保护区也将天然湿地保护列入重点工作，开展定期和不定期的巡护保护，在生境破坏行为高发的秋冬季节还会联系水利、公安、环保等部门开展联合执法活动，震慑和打击破坏汉江湿地生态环境的行为。

2010 年，保护区实施朱鹮栖息地湿地生态保护项目，对朱鹮栖息地重点河段两岸安置围栏进行保护，同时组织人员和机械清理垃圾、填平沙坑，开挖鱼鳞坑、种植水草，累计设置围栏 20 千米，修复湿地近 300 公顷。同年，保护区与瑞尔保护协会合作实施了针对汉江鱼类资源保护和恢复的自豪项目，一方面通过

保护人员在汉江湿地开展禁毒、禁猎巡护　王超/摄影

产业引导鼓励渔民转产；另一方面加大管护力度，禁止非法捕捞和过度捕捞，积极实施增殖放流，促进汉江鱼类资源恢复，从而为朱鹮提供良好的觅食环境。

和谐共生成典范

朱鹮生活在农耕区，繁衍生息与人类生产活动息息相关。朱鹮太聪明了，在千万年的进化过程中，它似乎知道人类的力量，选择了与人类相依，巧妙地利用人类的行为保护自己。

"春锄随犁后，觅食禾苗前"是农耕时节朱鹮觅食的场景，肥沃的农田里肥美的泥鳅、鱼虾、昆虫等为其提供了丰富的食物。繁殖时期，朱鹮会刻意选择在农户房前屋后或距离农户较近的坟地的大树上营巢繁衍后代，也是借用人类的活动确保自身的安全。农户房前屋后，人类活动频繁，各种野生动物出没的概率较低，尤其是蛇、鼬、鹰等天敌较少，在此营巢繁殖成功地

农民在水田辛勤劳作，朱鹮在一旁悠闲觅食　张跃明 / 摄影

避开了这些天敌的袭扰，最大限度保证了繁殖期的安宁和幼雏的安全。而选择在坟地的大树上营巢繁殖后代，一是由于人们的忌讳，坟地生长着较大的树木可供营巢，且繁殖环境优越；二是选在坟地周边的大树上营巢繁殖，同样可以利用人类的活动影响，达到驱除天敌的效果。

朱鹮的繁殖期为 3 月中旬—6 月上旬，产卵、育雏期多集中在清明节前后，这一时期正是山区蛇类结束冬眠出洞觅食的时期，饥肠辘辘的蛇四处游走搜寻猎物，鸟卵和雏鸟就是它们最容易猎取的食物，因此这一时期也是朱鹮繁殖期最为危险的时间。巧的是，人们在清明节前或清明节当天有给先人扫墓的习俗，扫墓时人们会对墓地进行修葺，清除杂草，填埋鼠洞，从而间接地驱赶了墓地周边的蛇、鼬等天敌。同时还会抛洒酒水、燃放鞭炮祭奠先祖，散落在墓地的酒水、鞭炮屑中硫黄特殊的气味，会使蛇类久久不敢靠近。

朱鹮这种和人相依相生的生活习性，为它带来了生的希望，也为它带来了"杀身之祸"。人为猎杀、水田排湿、林木砍伐等人类活动都威胁着朱鹮的种群发展。护鹮人意识到,保护朱鹮首先要做通人的工作。

他们认识到开展社区共建,搞好社群关系,争取乡民的理解与支持,最大限度地调动群众的保护热情,实施全民保护,是实现朱鹮成功保护的重要方法和有效途径。

世上没有无缘无故的爱,更没有无缘无故的付出!虽然在朱鹮保护之初,各级行政部门下发了多个关于保护朱鹮的行政通知和法律法规,但要把保护意识、理念和方法根植民心,让大家心甘情愿地为了保护朱鹮而行动、付出,就必须让乡民们深切感受到保护的收益和意义,也就是通常所说的必须进行"利益交换"。护鹮人深谙此中道理。

保护之初,社区民众尚未解决温饱问题,非常不理解保护工作,保护人员跟群众讲朱鹮,讲环境保护,时常遭人调侃"肚子都吃不饱,哪有闲情管鸟鸟"。好在当时民风淳朴,只需"感情投资"跟他们拉拉关系,帮帮小忙,他们都可以主动帮忙保护。但是,要从根本上让其参与进来,放弃一些既得利益(如伐树,打猎,使用农药化肥等),还是有一定的难度,必须想尽一切办法改善他们的生产、生活条件,让他们切实感受到付出的回报。

朱鹮栖息地多位于山区地带,环境闭塞,交通极为不便,村民生产生活和子女教育困难重重。为解决好村民关注的问题,1984年,朱鹮保护站多方筹集1500多元,购买了课桌椅和教材,开办了姚家沟小学,劝说村民将失学的6名儿童送到学校学习,并安排四人小组的赵志厚同志担任临时教师,负责教授知识。

1986年,保护区筹集资金3万余元,支持八里关乡整修了乡政府至大店村的10千米简易公路和付家坝水泥路面过水桥一座,解决了姚家沟等地村民的出行难题。1988年又投资7000多元,扶持姚家沟、三岔河朱鹮巢区百姓发

朱鹮保护站为学校捐赠的课桌椅　张跃明 / 摄影

展木耳 620 架、嫁接板栗 7000 余株，借以提高山区村民的经济收入。1988—
1989 年，保护区再次筹集 2.5 万余元，修建完成了姚家沟水电站和粮食加工厂，
帮助三岔河村完成了电站拉线收尾工程，解决了姚家沟和三岔河两个朱鹮巢区
村民的照明和粮食加工困难。

　　1990 年以后，朱鹮逐渐向低海拔丘陵地带活动，社区共建的范围也逐渐
扩大，共建的方式也更加多元化，但总体还是以解决朱鹮栖息地百姓生产生活
中存在的困难为主。为村民打一口井，修一条路，建一处围堰，灌溉几亩田地，
为孩子们捐赠一些书报文具、课桌椅，扶持村民发展香菇、木耳、板栗种植和
牛、羊等家畜家禽养殖等。

　　社区群众深切感受到保护朱鹮确实能够给他们带来实实在在的利益和生
产生活条件的改善，淳朴的乡民也以自己的方式作为回报，他们开始不惊扰朱
鹮，不破坏朱鹮的巢和它们繁殖、夜宿的林木，同时开始关注朱鹮，发现朱鹮

朱鹮保护站为社区修建的农田灌溉工程"朱鹮堰"　张跃明 / 摄影

病伤情况及时报告，自发地参与到朱鹮保护中来。

2000 年以后，农村经济快速发展，但受朱鹮栖息地农田不能使用农药、化肥，林木不能采伐，矿产不能开采等种种限制，朱鹮栖息地老百姓还相对贫困，朱鹮保护与社区经济发展的矛盾日益突出。

不能让村民因保护朱鹮而受穷！不能让他们守着朱鹮栖息地良好生态的"金饭碗"，过着穷苦的日子！要让他们充分享受朱鹮保护的成果，从保护中受益，富起来！

2003 年，保护区引入绿色农业发展理念，利用保护区优越的自然环境，投入 50 余万元引领和扶持社区农户发展绿色农业，当年就获得成功，并取得绿色认证，农民收益成倍提高，此后该项目大面积推广。绿色水稻种植项目的

朱鹮保护局与瑞尔保护协会合作开展的自豪项目在学校开展朱鹮保护宣传　庆保平 / 摄影

成功，破解了保护与发展的难题，也为朱鹮保护地农业产业结构调整和县域经济发展探寻了一条崭新的道路。其后，洋县政府将"生态立县"作为县域经济振兴的重要策略，借助朱鹮保护的生态成果，巧用朱鹮品牌，大力发展绿色、有机农业产业和深加工业，实现了经济的跨越式发展。

在开展社区扶持、产业引导的同时，保护区积极申请国家补偿资金，对遭受朱鹮直接损害的农户和多年来为了保护朱鹮及其生态环境而受到间接损失的居民予以补偿。2008 年，保护区首次申请国家野生动物肇事补偿专项资金，此后的 10 年间累计申请并向农户直接支付补偿资金 300 多万元。2012 年，保护区向国家申请生态补偿资金 2000 万元，补偿范围涵盖了朱鹮保护区及其周边区域有朱鹮栖息活动的大部分区域。两项补偿措施的实施，在一定范围内缓解了朱鹮与社区居民的矛盾，使人与朱鹮的关系更加和谐。

多年的实践证明，朱鹮的成功保护与当地社区群众的积极参与和努力是密不可分的。

在朱鹮保护40多年的进程中，护鹮人自始至终、与时俱进地积极探寻全民参与保护朱鹮之路。数十年如一日，不厌其烦地向群众宣传朱鹮保护的相关知识，宣讲保护朱鹮就是保护人类赖以生存的生态环境、就是保护人类自己的理念，在乡民的思想中播撒保护的种子。2010年，保护机构曾做过社区民众对朱鹮的认知度和保护措施的知晓度的专门调查，调查对象上至耄耋老人，下至黄口小儿，调查结果发现，朱鹮栖息地民众对朱鹮的认知度高达95%，超过86%的民众能够说出至少一条关于朱鹮保护的措施。

如今的朱鹮栖息地环境美丽了，居民富裕了，社区和谐了，群众的保护意识和热情高涨，爱鸟护鸟、保护环境蔚然成风。到处山清水秀，鸟语花香，处处呈现着人与朱鹮和谐共生、天人合一的美景。

朱鹮的成功保护得益于"保护研究人员 + 信息员 + 社区群众"的全民保护方式。以朱鹮保护、生态环境保护与恢复为先导，带动社区产业结构调整和产业布局，以绿色、有机产业促进社区经济发展，实现朱鹮保护与社区发展多方共赢和良性循环。以朱鹮保护为契机，推动科研、经济、文化、社会的可持续、良性发展，也为其他物种的保护和构建人与自然和谐共生的生态和社会环境提供了借鉴。朱鹮保护的这种方式正式被业界命名为"朱鹮模式"，成为濒危物种保护的典范。

朱鹮的成功保护得益于洋县人民的无私奉献。为保护朱鹮，从1981年起，朱鹮分布区就开始实施严格的生态保护措施，树木不能砍伐、湿地不得开垦、农田不得使用农药和化肥、矿产不能开采、化工企业不能建立……诸多的限制使得洋县虽然拥有丰富的资源却无法利用，守着资源大县的名头却沦为国家级贫困县。全县因为不准施用化肥、农药造成水稻减产一项，农民的年损失就高达5000万元以上，因保护朱鹮造成的地方财政年收入减少2亿元以上。

时任陕西省林业局局长的党双忍同志在谈及朱鹮的成功保护时说："朱鹮的成功保护是国家生态文明建设的重要成果，是陕西省重要的生态名片。我们必须铭记一代又一代为之艰苦奋斗的林业人，更不能忘记为朱鹮保护做出重大经济牺牲的陕西农民……"

第二章　易地保护

建立朱鹮人工种群，开展易地保护和科学研究，采用先进的饲养管理和繁育技术，快速发展人工种群，培育大量的优秀个体，然后将这些人工繁育的朱鹮通过野化放归和再引入等方式释放到野外环境中，达到复壮野生种群、重建野外种群的目的，是我们建立朱鹮人工种群的初衷。

从 1981 年 7 只朱鹮中的"华华"被送到北京动物园人工饲养，到 2019 年韩国朱鹮野化放归的实施，科研人员先后突破朱鹮人工饲养、人工繁育、自然繁育、野化放归等多项技术难关，朱鹮人工种群经历了从无到有、高速增长的历程，依靠迅速壮大的人工种群，中、日、韩三国陆续开展了野化放归工作，

人工饲养条件下的朱鹮　路宝忠 / 摄影

20 世纪 80 年代日本的朱鹮饲养笼舍

先后构建了中国陕西华阳、宁陕、铜川、宝鸡、周至，河南董寨和浙江德清，以及日本佐渡、韩国牛浦等多个朱鹮野化种群。朱鹮人工种群实现了从野外来到野外去的伟大使命。

人工家园

朱鹮的人工饲养最早始于 1872 年，当时英国人斯文豪（Swinhoe）以观赏为目的，从中国浙江捕获 1 只朱鹮带到伦敦动物园进行人工饲养，1873 年该只朱鹮死亡。1936—1954 年，日本上野动物园也曾陆续捕捉过 5 只朱鹮进行短期饲养。1967 年日本在佐渡岛建立了朱鹮保护中心，1981 年将仅存的 5 只野生朱鹮捕获，与该中心的 1 只朱鹮一起饲养并进行研究。但令人遗憾的是，由于年龄老化、繁殖能力丧失、疾病和饲养管理等原因，一直未能繁育出新的个体，2003 年随着日本最后一只朱鹮"阿金"的死亡，日本本土朱鹮彻底灭绝。

洋县的朱鹮饲养笼舍　张跃明 / 摄影

　　吸取国外朱鹮人工饲养与保护的经验和教训，中国的朱鹮保护专家们经过了艰辛的历程，付出了许多努力，独创了一套属于中国的朱鹮人工饲养方式。

　　首先，解决朱鹮住的问题。笼舍是人工饲养朱鹮的家，是其生活和繁衍的场所。虽然是人工饲养，但饲养场的选址和笼舍内的布局，都是仿照朱鹮的野外生境和生活习性来设计和建设的，尽可能给朱鹮营造舒适的居家环境。

　　朱鹮饲养场通常选择在植被良好、水源充足、背风向阳、环境清幽、交通便利，远离人群、居民区和家禽养殖场，地势相对开阔的地带。场内严格按照动物饲养管理和防疫要求进行分区布局，一般分为办公生活区、辅助饲养区、饲养繁育区和卫生防疫区。为确保人员安全和防止疫病传播，办公生活区处于场地的上风向，卫生防疫区则处于下风向，同时各功能区之间保持 20 米以上的安全距离。

朱鹮笼舍的大小和笼内布局也十分讲究，根据饲养和繁育方式的不同而略有差异，但是湿地（水池）、草地、栖息林木（栖杠）和营巢树木（巢筐）是不可缺少的元素。

为更好地满足朱鹮的飞翔需求，笼舍多修建为长方形或圆形。繁育笼舍通常按照1对亲鸟不低于20平方米的标准修建，每间笼舍圈养1对繁殖朱鹮，笼舍进口一侧通常为水泥地面，水泥地面上方架设栖杠，在栖杠的远端安置人工巢。为方便管理和投食，通常在笼舍内正对门口的草地上修建深18—20厘米的扇形或圆形水池，既可以投放泥鳅等鲜活食物供朱鹮取食，又能满足朱鹮水浴需求。笼舍内其余空地种植人工草坪，作为运动场供朱鹮活动，若笼舍面积足够大，还可种植可供朱鹮栖息的乔木。

朱鹮生性胆怯，警惕性高，遇袭扰会大叫惊飞，受惊的朱鹮常会撞向围网，如果围网不合适，就会导致朱鹮的喙、头、翅膀和腿受伤。因而笼舍围网的材质、网孔形状与大小都十分重要。经过多年的研究、选材和试用，护鹮人终于找到了适合建造朱鹮网笼的围网。孔径2厘米的方形铁质硬网因其坚固耐用，作为笼舍的外层围网材料最为合适，在铁质围网内侧20厘米处设置一层孔径1厘米的尼龙软网是必要的防护措施，可以在发生碰撞时产生很好的缓冲作用，有效地减少事故的发生。

人工饲养朱鹮不是保护的最终目的，只是保证朱鹮不会灭绝的一项应急措施。如果朱鹮被长期圈养，就会失去野外捕食的能力，但它们是大自然的生灵，终究是要回到大自然中去的，因此，在建造朱鹮笼舍的时候，也考虑了怎样对人工饲养的朱鹮进行野外生存能力训练的问题。

野化训练网笼是人工饲养朱鹮野外生存能力训练的场所，通常拥有足够的面积和空间，笼舍内根据放归地的野外生境模拟设计出相应的栖息地"小环境"，湿地、林地是其永远不可缺少的生境元素。根据驯养的需要，还增设有飞行训练、觅食训练、天敌躲避、自然繁育等行为训练设施。笼舍的形状和大小可根据地形和场地面积、计划驯养数量进行设计，通常为圆形或长方形，笼舍四周围网多采用浸塑铁网，顶部根据当地的气候情况设计成钢制硬顶或尼龙软顶。为确保达到理想的训练效果，野化训练笼舍的饲养密度以每只朱鹮100平方米为宜，每次的驯化数量应不少于20只，笼舍面积不小于2000平方米最为合适。

饲养朱鹮

给朱鹮修建好饲养笼舍，只是第一步。第二步是让它们在这个人工家园里无忧无虑地生活。

"兵马未动，粮草先行。"要饲养好朱鹮，首先要解决它们的"吃饭"问题。

野外环境中，朱鹮"不挑嘴"，泥鳅、黄鳝、小鱼、小虾、螃蟹、贝壳、蝌蚪、青蛙、蚯蚓、蟋蟀、蝗虫以及一些昆虫的成虫、幼虫，还有极少部分植物的嫩芽、根茎，都是其食物来源。

饲养员为朱鹮成鸟调配的以牛肉为主的配合饲料　庆保平／摄影

饲养员对饲喂朱鹮的泥鳅进行称重　路宝忠 / 摄影

人工饲养条件下，不可能有工作人员每天去野外帮朱鹮捕捉它们取食的所有生物，考虑到饲料来源、营养、贮藏方式和疫病防控等方面的要求，只能选择一些营养价值高、干净卫生、易于购置、耐贮藏的泥鳅、小鱼和黄粉虫作为朱鹮的主要食物，这就容易产生因饲料品类相对单一，营养不够全面，长期饲喂容易让朱鹮引发因维生素、微量元素缺乏而导致的营养代谢性疾病的问题。

难道就没有更好的办法了吗？研究人员并没有因为困难而退缩，他们想要设计出营养全面的配合饲料，能与鲜活饲料搭配使用，在既不改变朱鹮食性的情况下，又能有效防止营养代谢性疾病的发生，这是一个很难但又很重要的任务。

怎样设计出一种能够满足朱鹮营养需求的配方饲料呢？

饲养员给朱鹮投喂泥鳅饲料 张跃明 / 摄影

饲养研究人员在认真解剖死亡朱鹮个体、充分了解朱鹮胃肠道内容物成分、仔细研究朱鹮消化系统结构特征的情况下，参照鹳鹮类和鹤类的人工饲料配方，结合朱鹮的实际情况设计出以精牛肉、奶粉、谷类和维生素、矿物质为主要成分的配合饲料。

通过饲养实验，观察朱鹮的取食和消化吸收情况，及时调整饲料原料配比结构和饲养方式，最终确定了较为合理的饲料配方，确定了以鲜活饲料为主、配合饲料补充的科学饲喂方法。其"套餐"标准为：每只朱鹮上午饲喂配合饲料 80 克，下午投喂泥鳅或小鱼 150—200 克。

朱鹮成鸟的配合饲料配方为：牛肉 88%，奶粉 0.8%，谷物类 4.5%，胡萝卜 6.5%，维生素、微量元素及矿物质等 0.2%。

　　解决了朱鹮吃的问题，还要让朱鹮健康地活着。这就需要饲养人员除了给朱鹮提供干净卫生、营养全面的食物外，还需提供洁净的居住环境。

　　环境消毒是有效控制疾病传播和蔓延的方法，可以减少环境中病原微生物的数量、阻断感染途径，防止朱鹮感染和疾病传播。通常情况下，饲养人员都会在每周定期对笼舍内环境和饲养器具进行一次统一消毒处理，每月对笼舍外部大环境消毒一次。若遇到疫病多发季节，消毒次数还会增加。当饲养场周边地区发生重大传染性疾病，威胁到朱鹮种群安全时，还要采取集体搬离避祸或者给朱鹮接种疫苗等特殊措施。

　　朱鹮优渥的生活，来源于饲养管理人员无微不至的关怀。管理人员为朱鹮专门制订了详细的日常饲养管理规定和操作规程，确保每一个环节不出意外。

　　朱鹮的日常饲养管理主要包括：日常观察、环境的清洁、食物的投放、

饲养员对朱鹮饲养区域进行环境消毒　张跃明／摄影

疾病的预防和安全保障等。饲养管理的基本要求是：每一个环节都要做到细致入微，每一个动作都要轻柔，每一个细节都要处理得当，最大限度地确保朱鹮的安全，确保其正常的生息繁衍。从事朱鹮饲养的工作人员上岗前都要经过严格的饲养管理岗位培训和身体健康检查，要求其身体健康、富有爱心、爱岗敬业、技术过硬。

朱鹮饲养人员一天的工作往往从清查每一间笼舍朱鹮的数量开始。到岗后的工作人员洗手消毒，换上工作服，通过消毒通道进入朱鹮饲养区，先绕着笼舍外围远距离观察朱鹮的行为姿态，清点朱鹮数量，继而进一步查看笼舍围网有无破损。然后进入操作间，隔着笼舍门上观察窗的玻璃再次清点朱鹮数量，近距离观察其行为姿态、精神状态、粪便颜色性状等，确认朱鹮健康状况。确定无异常情况后，轻轻推开笼舍门进入其中，首先开始清理和称量剩余食物，然后打扫卫生，更换池水。最后根据每间笼舍朱鹮的数量和前一天的采食情况，确定当天食物的投放量，准确称量后进行投喂。饲喂完成后每隔 2 小时观察一次朱鹮活动情况，同时认真做好观察记录。一旦发现任何异常情况，都必须第一时间进行处理。

进山避疫

2004 年 1 月 29 日，朱鹮救护饲养中心就进行了一场紧急进山避疫。

那一天是农历正月初八，气温 −12°，平时人迹罕至的洋县华阳镇吊坝河村堰塘湾人头攒动，大家都在忙碌着对刚刚建成的一间间朱鹮简易网笼进行最后一次检查，准备迎接 70 公里以外的洋县朱鹮救护饲养中心的朱鹮们入住这里。

这天，天刚蒙蒙亮，朱鹮救护饲养中心门口早已整齐地停放着 6 辆货车，其中 4 辆货车的车厢里装着半车河沙，另外 2 辆车上分别装满了朱鹮饲养人员

华阳朱鹮隔离饲养点的宣传牌　张跃明 / 摄影

的生活用品和朱鹮饲养用具。饲养中心的朱鹮笼舍内，所有饲养人员都在有条不紊地将事先捕捉好的一只只朱鹮麻利地装箱、标记，然后抬出笼舍，整齐地放置在饲养中心的院中。9 点 30 分，饲养中心负责人对所有笼箱逐一进行了检查，确认了笼箱数量、朱鹮数量准确无误、笼箱安全后，伴随着时任朱鹮保护局副局长翟天庆同志一声"装车，起运"的命令，16 个笼箱被迅速地装上货车，饲养人员也迅速登上车辆驾驶楼。车辆启动，整齐地沿着龙坪公路（龙亭—坪堵）驶向华阳镇方向。下午 6 点，车队一路颠簸到了华阳镇，由于天色已晚，无法将朱鹮放入笼舍，朱鹮保护局领导与华阳镇政府紧急协商，将朱鹮临时安置在华阳粮站空置的仓库里。1 月 30 日一早，所有工作人员和雇工一起动手将朱鹮运送到了堰塘湾隔离饲养区，等将所有朱鹮安全地放入网笼、投放食物后，已是正午时分了。

饲养在华阳堰塘湾朱鹮隔离饲养点的朱鹮　张跃明/摄影

　　正月的华阳夜间特别冷，可达零下二十几度！由于事出紧急，搬迁时主要考虑的是朱鹮安全问题，工作人员的生活问题考虑得比较少，连人员最基本的住所都没有修建。朱鹮是放入笼舍了，但还要确保安全，晚上值班必不可少。只能去供销社买彩条篷布搭建帐篷临时过渡一下。夜间的林区又湿又冷，工作人员住在帐篷内，即使铺两三床被子再盖两三床被子，还是冷得睡不着，一些老同志晚上都不敢摘掉帽子睡觉！一觉醒来，脖子跟前的被子上面都结了冰……

　　为什么要把朱鹮举家搬迁到条件如此艰苦的华阳深山呢？为了躲避瘟疫！2003年12月，韩国、日本和越南等亚洲国家相继暴发了高致病性禽流感，疫情很快传入我国，并呈现出蔓延全国的趋势。2004年1月中旬，湖北、甘肃等多个省市已确诊发生高致病性禽流感疫情。如何抵御来势汹汹、对鸟禽具

饲养在华阳姚鲁沟朱鹮饲养点的朱鹮　张跃明 / 摄影

有毁灭性的疫情，考验着护鹮人的智慧。他们时刻紧盯着国内疫情的发展情况，湖北、甘肃相继失守，陕西岌岌可危！在经过慎重考虑后，护鹮人做出了十分大胆的决定——搬迁！将人工饲养朱鹮整体搬迁到人烟稀少的高山地区，躲避疫情，待疫病结束后再搬回来。

华阳镇地处秦岭南麓腹地，平均海拔有 1700 米，北边有秦岭主峰太白山天然屏障，远离候鸟迁徙路线且人烟稀少，在禽流感暴发的当时，这里无疑是最佳的隔离场所。2 月 9 日，陕西华阴市发生高致病性禽流感疫情的消息传到朱鹮保护局，已经将朱鹮转移到深山隔离饲养的护鹮人还是担心不已，为确保万无一失，他们决定将朱鹮分散饲养。一处饲养地选在距离堰塘湾约 2 千米的小华阳村姚鲁沟，饲养 20 多只；另一处饲养地选在接近太白县地界人迹罕至的石峡沟，饲养 12 只，这是最后的防线。他们在石峡沟搭了两间饲养笼舍，隔离饲养 12 只朱鹮，请人背上去石棉瓦等材料，搭了一个简易的工作人员住所。同时搬上去的还有一台小冰柜和一台小发电机，小冰柜用于储藏朱鹮食物，发电机为冰柜提供电源的同时也兼顾夜间照明，这些设施设备在另外两个饲养点是绝对没有的，可以说条件"相当优越了"，但是这个饲养点一般人却不敢住！因为那一带，白天不见一人，晚上却是羚牛等野兽的天堂。从小在山区生活的覃培军和李昌明被安排住在那里，后来听说他们晚上从不敢关灯睡觉，夜间经常听见羚牛在朱鹮网笼的木柱上蹭痒痒的沙沙声。他俩担心笼舍被羚牛破坏，朱鹮逃逸，就硬着头皮拿起做饭的面盆，叮叮当当乱敲一会儿，确定羚牛被吓跑后，才敢迅速从屋子里出去，生上一堆火，把朱鹮网笼修补一下。

令人欣慰的是，陕西的高致病性禽流感疫情止步于华阴，没有继续蔓延下去。半年后，石峡沟朱鹮饲养点撤销，所有朱鹮返回堰塘湾饲养点。2005 年 3 月，除姚鲁沟饲养点留下 20 多只朱鹮用于野化放归实验外，所有朱鹮均安全撤离华阳，回到洋县朱鹮救护饲养中心。

人工繁育

1989 年，北京动物园朱鹮繁育中心的朱鹮夫妻"青青"和"平平"产下了两枚卵，考虑到朱鹮夫妇初为父母，毫无育儿经验，为确保珍贵的朱鹮卵安全孵化，研究人员决定一枚卵由朱鹮夫妇孵化，另一枚交给有经验的乌鸡代孵，让它充当"妈妈"的角色。

遗憾的是，朱鹮夫妇在孵化至 24 日龄时，无情地将卵推出了巢外，宣告孵化失败，而乌鸡妈妈却在安心孵化。26 天后，乌鸡妈妈孵化的朱鹮宝宝破壳而出。这是世界上第一只人工饲养条件下诞生的小朱鹮，但令人遗憾的是，

正在孵化器中孵化的朱鹮卵　张跃明 / 摄影

这个小生命仅仅存活了不到一天，就永远地离开了人间。

尽管第一只小朱鹮的出壳时间比正常情况提前了两天，尽管它仅存活了一天就不幸离去，却给人们带来了无限的希望。1993 年，陕西朱鹮救护饲养中心人工饲养的朱鹮产卵，研究人员详细整理、分析了野生朱鹮孵化观察记录，认真研究了北京动物园发表的朱鹮人工繁育报道内容，决定采用机器孵化，参照朱鹮体表温度和野生朱鹮孵化节律，确定适宜的孵化温度、翻卵次数、凉卵次数和每次凉卵时间等。

为了确保孵化成功率，在多次研究、探讨禽类胚胎发育特点和影响孵化成功率的多个因素节点后，决定采取在朱鹮亲鸟孵化至 20 日龄时将卵取出放入孵化器进行人工孵化的方式，一举获得成功。其后的几年里，陕西朱鹮救护饲养中心还多次尝试进行朱鹮卵全程人工孵化，同样也获得了成功。对比研究证

雏鸟出壳瞬间　张跃明/摄影　　　　工作人员为雏鸟调配的1号饲料　庆保平/摄影

实，"亲鸟孵化＋机器孵化"的方法效果最佳，孵化成功率和健雏率均达到80%以上。陕西朱鹮救护饲养中心独创的这种最为合适的朱鹮人工孵化方式在国内外广泛推广，为朱鹮人工种群的快速增长奠定了坚实的基础。

朱鹮人工孵化的主要参数：温度为37.4℃—37.6℃，相对湿度为50%—60%，日翻卵次数24次，凉卵次数5—8次，每次凉卵时间3—5分钟。

朱鹮孵化的问题解决了，那怎样才能把小朱鹮养活，让其茁壮成长呢？同样没有经验可循。怎么办？必须从野生朱鹮那儿找方法！

朱鹮是晚成鸟，出壳后的雏鸟不能取食自然食物，需要亲鸟长达40多天的哺育，才能自行觅食生存。要想把朱鹮雏鸟养活，首先应该弄清楚，朱鹮亲鸟给雏鸟喂的是什么，喂的食物是什么样的状态，从而设计出符合雏鸟生长发育需要的饲料。

科研人员观察发现，野生朱鹮亲鸟在雏鸟1—5日龄时喂给的食物是其食

工作人员给雏鸟喂食　黄智学 / 摄影

道分泌的类似"鸽乳"的清亮且黏稠的液体，5 日龄以后是半消化的食糜，此后随着雏鸟的生长发育，亲鸟的饲喂也更加粗放，育雏中后期，雏鸟食物中可见整条（只）的鱼虾和昆虫。细心的他们还发现，晚出生的雏鸟得到"鸽乳"样食物非常少，开食时吃到的多半是半消化的食糜，如果巢中有四只雏鸟，那么第四只雏鸟开食时只能吃到半消化食物，但在食物丰富的年份它也能顽强地活下来。

人工饲养条件下无法得到亲鸟分泌的"鸽乳"样物质和半消化食物，但可以通过技术手段获得高营养的物质和超细易消化的食物颗粒。冥思苦想后，研究人员把鱼肉、蛋黄、奶粉等高营养物质食物按一定的配比混合在一起，放入组织捣碎机中加工成超细的糊状食物，先找来几只白鹭雏鸟进行饲养实验，确定可行后方才给朱鹮雏鸟饲喂。在他们的精心哺育下，一只只白鹭顺利出飞，他们的设想获得了初步成功！

1993 年，人工孵化的两只朱鹮雏鸟出生了，8 个小时后，研究人员怀着无比忐忑的心情，谨慎地给小朱鹮喂下他们设计的第一口人工饲料，并蹲守在育雏器旁仔细地观察雏鸟的一举一动。吃下食物 3 小时后，1 号雏鸟摇晃着脑袋，口中发出"唧唧"的索食声，它饿了！研究人员再次给它喂下人工饲料，吃饱后的它安静地睡去，但研究人员仍紧盯着它的一举一动。

一天，两天，三天，两只雏鸟就这样吃了睡，睡醒了吃，研究人员也紧盯了三天，确定朱鹮雏鸟精神正常、食量正常、粪便正常后，大家松了一口气，一直悬着的心终于落下，继而是无比的喜悦。他们成功了！

研究人员经过反复的饲养实验和对比观察，根据不同日龄阶段朱鹮雏鸟的营养需求和取食情况，相继研发出了 6 个阶段的雏鸟饲料配方，彻底攻克了人工育雏难关。

朱鹮雏鸟的各阶段饲料配方：

阶段	适应日龄	泥鳅	蛋黄	奶粉	苹果	水	黄粉虫
1	1—5	45%	10%	5%	5%	35%	
2	6—10	55%	10%	5%	5%	25%	
3	11—15	65%	5%	3%	4%	18%	5%
4	16—20	75%	2%	2%	3%	8%	10%
5	21—35	85%				3%	12%
6	36—	成鸟饲料（泥鳅＋人工饲料）					

成功解决朱鹮人工孵化、人工育雏的问题后，朱鹮保护科研人员又将注意力放在了如何使朱鹮人工种群快速增殖的问题上来。

1982 年 4 月初，金家河巢区的朱鹮在环坝（地名）一棵百年青冈树上筑巢并产了 3 枚卵，后大风将巢树刮倒，致使巢毁卵碎。4 月下旬，这对亲鸟飞到铁河乡代家店村重新营巢并产卵 2 枚，5 月下旬一只雏鸟难产死亡，另一只雏鸟存活 3 天后死亡，朱鹮亲鸟弃巢而去。

1983 年，这对亲鸟重新回到金家河巢区并产卵 4 枚，但被乌鸦捣毁 2 枚，亲鸟又补产 2 枚，繁殖期推迟了近半月，未能孵化出雏鸟。这对"苦命"的夫妻鸟，虽然连续两年未能繁殖出后代，但其"补卵"的繁殖行为却给后来朱鹮人工增殖、多产卵实验提供了十分重要的参考和依据。

1993 年，朱鹮保护科研人员试探性地在白火沟朱鹮巢区开展野生朱鹮多

育雏箱中的多只朱鹮雏鸟　张跃明／摄影

产卵实验，使一对朱鹮连续产卵5枚，人工取走1枚后，当年繁殖并未受到影响。

为了快速扩大朱鹮人工种群数量，1995年，科研人员从一对人工饲养朱鹮刚产齐4枚卵的巢中取出2枚卵进行人工孵化，这对朱鹮很快又产卵补齐，一个繁殖季产卵6枚，成功孵化雏鸟5只，开创了当时一对朱鹮一年人工产卵数量和出雏数量之最。

1996年、1997年，陕西朱鹮救护饲养中心采用这种取卵方法，分别使3对朱鹮各产卵5枚。考虑到当时人工饲养朱鹮繁殖期不育雏情况，认为只要营养跟上，管理得当，朱鹮亲鸟有足够的时间和精力在一个繁殖季产出两窝甚至更多的卵。

1998年，研究人员大胆地采取全窝取卵的方式进行人工增殖，在亲鸟产卵孵化至20天时一次性地将巢中的卵全部取出进行人工孵化，同时加强亲鸟饲养，适当补充微量元素和维生素。所有朱鹮亲鸟通过10天左右的短暂调整，均能够重新筑巢产出第二窝卵。整窝取卵可使人工饲养的朱鹮每年至少产卵两窝，个别产卵早、调整时间短的朱鹮甚至可以一年产卵三窝。

人工增殖使朱鹮的产卵数量增加了，但卵的重量和质量却呈下降趋势。据统计，1995—1998年间，人工饲养朱鹮第一窝的平均卵重67.8克，受精率78%，孵化率86%，雏鸟成活率83%；第二窝平均卵重66.7克，受精率74%，孵化率83%，雏鸟成活率80%；第三窝平均卵重64.5克，受精率54%，孵化率68%，雏鸟成活率72%。比较而言，第二窝卵虽说重量、受精率上较第一窝卵有一定差距，但其孵化率、幼鸟成活率均无显著差异，但第三窝卵无论是卵的重量、受精率、孵化率和幼鸟成活率，都与第一窝卵相差明显。因而，利用朱鹮补卵的行为进行人工增殖，使其在一个繁殖季产卵两窝，以促进种群快速增长的做法是可行的，对拯救这一濒危物种有重大的意义。

多年的人工增殖证明，人工饲养的朱鹮亲鸟在自己不育雏的情况下，一对亲鸟一个繁殖季可产卵6—10枚，育成雏鸟5—8只。人工增殖大大提高了人工饲养朱鹮的繁殖率，这一技术至今仍被国内外各新建朱鹮人工种群广泛应用，对朱鹮人工种群的快速发展和壮大起到了积极的推动作用。

"母性"回归

人为帮助朱鹮繁育"宝宝"并不是朱鹮保护的长久之计，易地保护的最终目的是通过建立人工种群、采用人工繁育的方式，迅速扩大种群数量，然后将人工繁育的个体放归野外，实现野生种群恢复和壮大。研究人员发现，无论是朱鹮"青青""平平"，还是后来配对的朱鹮夫妇，都存在扔胚、虐雏的行为，这对以后的野外放归极为不利。

必须唤醒人工饲养朱鹮的"母性"，让其自然繁育！ 1999年，陕西朱鹮

隐蔽在树林中的朱鹮自然繁育研究笼舍　路宝忠 / 摄影

救护饲养中心的研究人员开始谋划研究、破解这一难题。他们查阅大量关于动物弃子、杀子的文章，将朱鹮扔胚、虐雏行为发生的首要原因锁定在饲养繁育环境的问题上。

2000 年春天，他们在陕西朱鹮救护饲养中心后山的树林中选择了一处环境清幽的地方精心搭建了一间繁殖笼舍，挑选了一对卧巢稳定、护卵行为强的经产朱鹮开始试验。在近似野生朱鹮繁殖生境条件下，尽量减少人为干扰，保持环境相对安静，提供多种鲜活饲料保证营养供给全面，精细管理，期待着这对朱鹮的母性回归，期待着它们成功完成自然繁育任务。功夫不负有心人，2000 年 4 月 28 日，在经历了第一只雏鸟出雏失败后，这对朱鹮夫妻终于迎来了自己的宝宝，小朱鹮在双亲的照料下成活了下来，43 日龄成功出飞。难掩兴奋的研究人员给其取了一个时髦的英文名字"Happy"，环志号 131，它是

普通繁育笼舍中正在哺育雏鸟的朱鹮夫妇　路宝忠 / 摄影

陕西朱鹮救护饲养中心饲养繁育的第 131 只朱鹮，也是世界上第一只人工饲养条件下自然繁育的朱鹮。

　　2001 年开始，该中心将研究阵地转移到普通繁育笼舍。继续从环境改善和干扰控制入手，在人工巢的前方安装假树，营造类似于野生朱鹮繁殖的环境，在两间笼舍之间加装黑色遮阳网，遮挡相邻笼舍内朱鹮的视线，防止相互干扰等，并在孵化后期至育雏前期禁止游客参观，适当减少饲喂和笼舍打扫次数，取得了较好的效果，当年有 2 对朱鹮自然繁育成功。研究人员还在育雏中后期，及时将两个笼舍之间的隔离遮阳网拆除，希望相邻笼舍内的繁殖亲鸟彼此学习育雏行为，从而影响和带动更多的配对个体进行自然繁育，扩大自然繁育朱鹮的比例。

　　2002 年，陕西朱鹮救护饲养中心自然繁育的朱鹮达到 5 对，繁殖幼鸟 12 只。

在连续三年的自然繁育研究中发现，朱鹮亲鸟一旦首次自然繁育成功，以后均能够顺利地实现自然繁育。为此，研究人员针对朱鹮扔胚、虐雏行为主要发生在孵化后期的实际情况，大胆地采用了代孵自养的策略，将孵化后期的朱鹮卵用假卵替换出来，进行人工孵化或交给有自然繁育经验的朱鹮代孵，雏鸟出壳5日后再放入亲鸟巢中由亲鸟哺育，朱鹮亲鸟在对巢中的雏鸟观察几分钟后便能正常哺育。这样迅速扩大了自然繁育朱鹮的数量和种群占比。

这些行之有效的措施的实施，使朱鹮亲鸟的母性被重新唤起，笼养朱鹮的自然孵化率、育雏成功率逐年提升，再次攻克了世界性的难题。

研究认为，朱鹮亲鸟扔胚、虐雏现象，是发生在高环境压力下的应激反应和助产失败行为。孵化后期，卵中的胚胎发生胚动，尤其是在雏鸟出壳前，雏鸟的喙部进入卵的气室，卵中雏鸟偶尔鸣叫。此时的亲鸟，注意力高度集中，外界稍许干扰和环境变化都会使它们异常敏感，为保护卵中的后代不受伤害，亲鸟迫不及待地啄开卵，试图帮助雏鸟尽早出壳，就是这种"善意的举动"导致了雏鸟的出壳死亡。

回家之路

朱鹮属于自然界，它们的最终命运不应该是被人类豢养在方寸之地，它们美丽的翅膀应该自由地翱翔于天地之间。

人类建立人工种群的终极目标，就是送朱鹮回到属于它的天地。怎么送朱鹮回归大自然呢？这就要提到野化放归工程。

实施野化放归是恢复和壮大朱鹮种群、扩大其栖息范围、改善种群稳定性、丰富种群基因库和遗传资源的重要手段。朱鹮的野化放归是一项系统性的工程，包括放飞地的选择、放归个体的挑选、野化训练、放归前检验检疫、放归及放归后的监测保护等。

洋县朱鹮野化放归训练基地　张跃明/摄影

　　确定放归计划前要对拟放归地点进行全面考察，考察内容包括放归地区的植被情况，有无可供朱鹮夜宿和繁殖的林木；湿地类型、分布面积，以及可供朱鹮觅食的有效湿地面积；朱鹮食物资源情况，尤其是湿地生物种类、数量和丰富度；朱鹮天敌的种类和数量；拟放归地气候条件和自然灾害情况，如极高温、极低温、冰封期、风力、干旱、冰雹等发生情况；当地社会经济、历史文化概况，政府支持力度，居民爱鸟护鸟意识的高低等。确定放归地后，立即开展全面宣传工作，确保当地群众认识朱鹮并初步具备保护朱鹮的意识，这是第一重要的工作。

　　选定放归地后，还要根据考察结果综合研判，确定放归地最大环境容纳量，制订详细的放归方案，明确首次放归数量及放归总量。然后根据放归数量，按照不低于 1.2 倍的数量挑选拟放飞个体，放入野化驯养大网笼进行野化训练。

科研人员身穿训练服训练朱鹮觅食　路宝忠／摄影

拟放归个体要求谱系清楚，个体间亲缘关系较远，无遗传缺陷，羽毛光洁完整，机体匀称紧致、眼亮有神、反应灵敏。雄鸟体重 1500—1800 克，雌鸟体重 1300—1500 克。年龄结构和性别比例合理，6 岁以上个体、2—5 岁个体与2 岁以下个体之间的比例为 2 ：3 ：4，雌雄比例为 1 ：1 至 1 ：1.1。同时要求拟放归个体繁育性能或家族繁育史良好，其中具有自然繁殖史的个体占成年个体比例应不低于 20%。

　　放飞个体的野化训练是野化放归的重要环节。野化训练指在人工饲养条件下，通过模拟放飞地的自然生态环境，人为引导人工饲养个体进行环境适应，使其逐步具备基本的野外生存和繁衍能力。

　　野化训练网笼的面积一般不小于 2000 平方米，笼内参考放归地的生境，栽植可供朱鹮栖息、营巢的树木，设计相应的觅食地和草地等。训练"科目"

主要有飞行能力、觅食能力、繁育能力和警戒能力等。训练方法以诱导训练为主，即采取声音诱导、模型引导、人工引诱等方式，促使其提升飞翔、树栖、觅食、营巢繁殖和应对天敌袭扰等能力。朱鹮野化训练时间一般不低于 6 个月，最好为一个繁殖周期（1 年）以上。在确定经过野化训练的朱鹮飞翔、树栖、觅食、繁殖和抗应激能力得到全面提升后，即可放归自然。一般情况下，经过野化训练的个体放归后很快就能适应野外生存环境，通常第二年就可以繁育出后代。

放归前一个月，朱鹮野化训练实施单位会根据放归方案对放归数量以及朱鹮年龄组成、雌雄比例、繁殖史、个体状况等方面的要求，从野化训练群体中优选拟放归个体，并进行隔离饲养和检疫。确保无任何疫病后及时为其佩戴环志，对个别强壮个体还应佩戴无线电发射器或 GPS 卫星定位器，便于放归后跟踪监护。有条件的机构可于放飞前在放归地修建适应性饲养网笼，以利于放归个体运抵放归地后进行短暂的恢复和适应性饲养。

佩戴无线电发射装置即将被放归的朱鹮 路宝忠 / 摄影

朱鹮的放归通常采用"硬释放"和"软释放"两种方式。硬释放是指将经过野化训练的个体运输到放归地后直接打开笼箱就地放归，其优点是省去了修建适应性笼舍、进行饲养管理等成本，放归仪式感强等，缺点是放归个体应激反应严重、放飞后飞行距离远且个体分散，不利于后期保护监测工作的开展。

软释放是指缓慢打开野化训练网笼或适应性饲养网笼，将放归个体释放到野外环境。其优点是放归个体应激反应小，放归后的个体多在笼舍周围活动一段时间后才进行扩散，且多呈小群活动，易于监测和管理。缺点是资金和人员需求大，仪式感不强。从生物本身和物种保护方面而言，软释放更为科学合理。

朱鹮放归后的管理，主要集中在行为、生态和环境监测保护以及病伤、弱残个体的救护救助。其方法与就地保护相同。

"软释放"——朱鹮自行走出训练笼舍　路宝忠／摄影

2013 年铜川朱鹮野化放归瞬间　庆保平 / 摄影

尝试恢复迁徙习性

朱鹮曾广泛分布于亚洲东部地区，按照迁徙习性，可将其分为留居型和迁徙型两类。一类为分布于我国甘肃、陕西、安徽、浙江和日本佐渡等地的留居型种群；另一类为一般在俄罗斯西伯利亚一带，我国黑龙江、吉林、辽宁以及日本北海道等地繁殖，到广东、福建、台湾和朝鲜半岛等地越冬的迁徙型种群。迁徙型种群的分布与迁徙习性与黑头白鹮相似，现已绝迹。

日本新潟县自然保护课 1989 年报道，人工饲养条件下，朱鹮成鸟一般在 6 月下旬开始换羽，8 月下旬完成 70%—90%，9 月下旬换羽基本完成。李福来等人在 1989 年对朱鹮雏后换羽进行研究发现，朱鹮幼鸟在 15 周龄时开始换羽，至 54 周龄全部结束，历时 280 天。在稚后换羽期间，大约在 9 月 23 日—

飞翔中的朱鹮　王超 / 摄影

11 月 18 日，这几周时间里换羽是完全中止的，并且 9 月 23 日前在飞行中起"舵"
作用的尾羽基本换齐，而 11 月 18 日之后在飞行中起主要作用的初级飞羽才开
始更换。巧合的是，在亚洲东部，多数候鸟的秋季迁徙恰恰集中在 9 月中下旬—
11 月中旬。结合朱鹮的换羽情况，科研人员推测，现存的留居型朱鹮，可能
是迁徙型朱鹮在进化过程中，由于环境、食物等因素的改变，逐渐改变了迁
徙的习性，在当地"留居"了下来，逐渐形成了现存的留居型种群。这为恢复
迁徙型种群提供了一定的理论支持。

　　朱鹮迁徙型种群的构建，一方面是要加强对现存野生种群的保护和对其
迁移、扩散行为的研究，通过更有力的保护进一步壮大野生种群，促进其自

然扩散，利用现存种群季节性迁移的习性，探寻自然迁徙的可能性。另一方面，对朱鹮的再引入进行细致的规划和科学的布局，结合朱鹮的迁飞能力，合理布置再引入地点，将各点连成线，形成面，促进各个再引入地点朱鹮个体间的交流，借以促进朱鹮迁徙习性的恢复。最后是采取引领迁徙的方法，选择朱鹮的近缘物种，如白鹮等，采用代孵代育技术，使朱鹮在白鹮义亲的带领下完成迁徙，从而恢复朱鹮的迁徙习性，或是采用模拟朱鹮的飞行器引领其完成迁徙，借此构建迁徙型种群。

野生动物保护专家对部分候鸟，如隐鹮、美洲鹤等迁徙型种群的构建做了大量的尝试性工作。非洲隐鹮直接放归后，由于没有野生同类"带领"迁飞，效果不理想。而在美洲鹤迁徙种群构建研究方面，利用加拿大鹤代育美洲鹤已经实现了幼鹤跟随义亲迁徙；同时采用航空器引领幼鹤迁飞也取得了重要进展，人工繁育的幼鹤在小型飞机的带领下完成迁徙。

陕西汉中朱鹮国家级自然保护区通过多年的实验，已经成功解决了朱鹮种内异亲代孵、代育难题。那么，能否像美国研究人员利用加拿大鹤代育美洲鹤那样利用黑头白鹮代育朱鹮，或是采用无人机带领的方式来恢复朱鹮迁徙型种群呢？

基于这个设想，北京动物园曾在2002—2003年进行了白鹮代育朱鹮实验，实验中，白鹮亲鸟能够顺利完成朱鹮卵的孵化和雏鸟的早期哺育，但在30日龄后，白鹮的育雏行为明显减少，甚至拒绝育雏，从而导致了朱鹮雏鸟的死亡。究其原因，主要是白鹮和朱鹮的育雏期不同，白鹮的育雏期为30—35天，而朱鹮为40—45天，这为白鹮代育朱鹮以恢复朱鹮迁徙型种群的构想出了一道难题。能否参照朱鹮种内代育技术，让白鹮代育5日龄后的朱鹮雏鸟，以拉齐两者的育雏期来实现这一伟大构想，还需进行深入的研究。

近年，鸟类学家一直在朱鹮迁徙种群的恢复方面进行着尝试，试图通过在不同维度的沿海地区建立朱鹮再引入种群，希望再引入种群能够随着气温、潮汐及食物丰富度的变化，沿海岸线进行季节性迁徙，从而构建起迁徙型种群。目前，我国已经在江苏盐城、河北北戴河、山东东营实施了朱鹮再引入工程，北戴河朱鹮种群低温适应性研究和海洋滩涂生物饲养实验取得了阶段性的研究成果。采用模拟飞行器引领迁徙在美洲鹤迁徙性恢复研究中已经采用多年，也获得初步成功，在未来，借助成熟的无人机技术，采取无人机引领朱鹮迁飞或许是建立迁徙型朱鹮种群的可行方法，可以进行大胆尝试。

第三章 默默奉献的护鹮人

朱鹮的成功保护，不是某个人的功劳，也不是某个组织或团体的业绩，而是一代又一代热爱朱鹮、热爱大自然的护鹮人共同为之奋斗的结果。他们之中有专家学者，有专门从事朱鹮保护的工作人员，有教师、学生，也有农民和工人，有垂髫少年，也有耄耋老人，他们都在以自己独有的方式为朱鹮的保护贡献着自己微薄的力量，因为他们的存在和奉献，这一濒临灭绝的珍稀物种才得以被成功地保存下来并不断恢复壮大。他们有一个共同的名字——"护鹮人"。

刘荫增先生

刘荫增先生是朱鹮的发现者，也是朱鹮保护的先行者。1981年5月，刘荫增先生在洋县发现了世界仅存的7只野生朱鹮，随后便投入朱鹮保护工作之中，直至1984年离开洋县。

刘先生是个非常严谨的人。他要求朱鹮保护人员必须跟着朱鹮转，朱鹮到哪儿人到哪儿，不能让朱鹮离开自己的视野。他告诫保护人员，因为大家都不了解朱鹮，必须对朱鹮的任何行为做出准确的记录，比如育雏期的朱鹮，亲鸟是几点几分换巢，几点几分离巢觅食，几点几分回巢饲喂小鸟，喂了几只小鸟，每只小鸟饲喂了多长时间，哪只小鸟吃得少或是没有吃上，以及巢中的每一只小鸟的活动情况，等等。为了保证观察数据的连续性，他还要求保护人员必须轮流吃饭和休息。在保护人员外出时，他就一人承担起观察任务，饿肚子变成

刘荫增和他的助手在自搭的简易棚内观察朱鹮的活动规律　胡迪生 / 摄影

了家常便饭。 这些珍贵的记录资料，对人们在保护初期了解朱鹮的生活习性起到了非常重要的作用。

刘荫增先生非常擅长做保护人员的思想工作。1981 年，改革开放的思潮已经波及全国各地，山里的人们初步解决了温饱问题之余，开始追求物质上的丰富了。当保护人员向群众询问朱鹮的消息时，往往会遭到对方的白眼和无情的责备。"年纪轻轻的不知道好好干活，找鸟鸟，吃饱撑着了吧！"有时候，他们跑了一天想找户人家休息，主人家一听是找什么朱鹮鸟的，以为是游手好闲之徒，会毫不客气地把他们轰走。终日与鸟为伴的枯燥而艰苦的生活，以及群众对自己工作的不理解、不认可，使得年轻的保护人员难免觉得有些不得劲。

刘荫增察觉到他们的心理变化，只要有空就给他们做思想工作，给他们描绘宏伟蓝图："朱鹮是世界级的濒危鸟类，国际上和我国各级政府都非常重视对朱鹮的保护，不久的将来连外国人都会来洋县，来到姚家沟，虽然我们现在条件很艰苦，但是国家一定会成立专门的保护站，还会有保护区，你们都会有大房子住，会有汽车坐，还会出国，你们要对工作有信心。"

看着年轻人质疑的眼神，刘荫增又拿自己说事，让大家想想："为什么国家会斥巨资让我们花费三年时间在全国寻找朱鹮，找到朱鹮后又让我这个在北京中国科学院动物研究所工作的干部来这里蹲守保护朱鹮？还不是说明朱鹮宝贵。"刘荫增的鼓励和对未来的描绘稳住了"军心"。1983 年，"洋县朱鹮保护站"成立，1984 年国际野生生物基金会捐赠给朱鹮站一辆汽车，看到刘荫增描绘的蓝图在一步步实现，保护人员信心倍增。

书法与篆刻是刘荫增的家学，他的父亲刘伯琴先生是著名的金石学家，著名的书画家启功等人的印章皆出自他手。刘荫增自小喜欢书法，独爱隶书，尤其喜欢隶书的敦厚与庄重之感。在姚家沟蹲守的四年间，写字、刻字就成了刘荫增打发寂寥时光的重要方式，至今姚家沟还能见到刘先生在石壁上篆刻的

刘荫增先生手书"牧鹮路上" 庆保平 / 摄影

"石琴峡""丹水沐翮""牧鹮路上"等隶书字样。"石琴峡"三个隶书大字雕刻在他们曾经居住的房屋旁边紧邻小溪的巨石山,字迹非常清楚,工整且大气,听说在很长的一段时间里,刘荫增先生都会利用饭后短暂的休息时间,拿上雕刻工具在石头上刻一会儿。20 世纪 90 年代初,一位北京的领导到姚家沟考察朱鹮保护情况,看到"石琴峡"三个字,赞叹雕刻技艺炉火纯青、取义与场景高度契合,便问随行的路宝忠站长石刻出自何人之手,路站长回答是刘荫增先生闲暇所刻,并顺带对刘先生的家世和在姚家沟的工作情况做了介绍。北京的领导听后看着字体沉思了一会儿说道:"真是难为刘先生了,'石琴峡'不仅是对此地高山流水如琴之韵的写意,更是寄托着他对北京家乡的无限思念啊。北京颐和园东北角有一座修建于乾隆时期的庭院——霁清轩,霁清轩的西殿名为清琴峡,老北京的孩子们经常去那儿玩耍,都对那儿有深刻的记忆。"想想也是,大都市的中年人常年蜗居在这大山之中,怎么不想家,怎么不惦记家乡呢!但是刘荫增先生又不能将思乡之情告诉保护人员,他明白在那个特殊的时期里，只要他思想上有一丁点异动，就可能导致朱鹮保护四人小组分崩离析，因此只能将浓浓的思乡之情刻进"石琴峡"三个字之中。

刘荫增退休后虽然居住在北京，但洋县的朱鹮依然让他魂牵梦萦。2018年春天，年迈的他拄着拐杖回到洋县，参加首届朱鹮国际论坛，从此再没离开洋县。

史东仇先生

史东仇先生是系统性研究朱鹮的第一人。1984年之前，刘荫增先生在发现朱鹮之后一直在观察和研究朱鹮，但是由于刘荫增先生在中国科学院动物研究所还承担着其他更为重要的工作，无法专注于朱鹮研究，而朱鹮保护又迫切需要一系列的研究结果为保护政策的制定和保护措施的实施提供科学依据。因此，陕西省林业厅决定由陕西省动物研究所的专家来负责该项工作。

史东仇先生是陕西省动物研究所知名专家，多年来一直致力于秦岭地区的野生动物行为生态研究，尤其擅长鸟类研究。1984年，史东仇先生正在做国家一级保护珍稀鸟类黑鹳的行为生态学研究工作，且取得了阶段性的成果。考虑到朱鹮与黑鹳都属于鹳形目鸟类（当时的鸟类学分类），生活习性和行为特征较为相似，陕西省动物研究所的领导充分考虑后决定，让史东仇先生暂时

史东仇先生与研究人员对朱鹮卵进行称重

1990年，中国朱鹮访日专家组考察日本朱鹮最后栖息地（右一路宝忠，右二史东仇，右三许树华）

放下黑鹳研究工作，专心致力于朱鹮研究。当陕西省林业厅和陕西省动物研究所领导找到史东仇先生，向他说明朱鹮研究工作的迫切性并希望他放下手头工作专注于朱鹮研究后，史东仇先生考虑片刻便欣然接受了任务。交接完手头工作，他就背上行囊来到洋县进驻姚家沟，开始全面系统地研究朱鹮。

此后六年间，史东仇先生一直致力于朱鹮生态习性的研究，常年奔波于姚家沟、三岔河等朱鹮巢区和活动地，对朱鹮的繁殖行为、觅食情况、活动规律等生物学习性和栖息地环境特征等进行了全面细致的研究，并于1986年主持了国家林业局朱鹮生态学研究项目。据朱鹮保护局副局长路宝忠先生回忆，从1984年开始，史东仇先生一直住在洋县研究朱鹮，每年在洋县工作时间长达10个月以上：春夏之际，在朱鹮巢区风餐露宿，研究繁殖期的朱鹮；秋冬之时，跟随朱鹮四处活动，研究游荡期和越冬期情况。

史东仇先生对朱鹮的系统性研究，解决了朱鹮是什么样的、在哪儿生活、怎么繁衍生息、种群为什么会衰退等问题。主要研究成果包括：第一，对朱鹮的外形特征进行了系统的研究，对朱鹮的体重、身体各部位的尺寸进行了准确的测量，对朱鹮的生长发育、羽色的变化和换羽的规律进行了详细的研究，对其外形进行了准确的描述，从形态学方面对朱鹮进行了界定；第二，对朱鹮生活环境进行了系统研究，对其繁殖地、夜宿地、觅食地的环境进行了详细的调查，弄清楚了朱鹮繁殖地、夜宿地的位置和林木的种类、胸径、高度等详细资料，觅食地的位置、类型、利用情况、食物种类与丰富度等，同时对朱鹮栖息地的地形、地貌、水文、气候、土壤、植被和社会环境等进行了详细的研究，基本搞清楚了朱鹮的栖息地环境特征；第三，对朱鹮的生物学特征进行了详细的研究，通过对朱鹮繁殖行为、觅食行为、夜宿行为的详细研究，搞清楚了朱鹮的生长繁育规律和日、周、年活动规律，以及食物的种类和不同时段取食种类的变化情况等，搞清楚了朱鹮繁衍生息等生物学特征；第四，对朱鹮的研究历史进行了系统研究，通过查阅文献资料，对朱鹮的历史记录、分布、名称变化、价值、保护历程进行了梳理和总结，详尽展示了朱鹮的历史分布地、朱鹮兴衰的过程及原因。同时，史东仇先生联合范光丽、晏培松、刘世修等人对朱鹮解剖学、病理学和寄生虫病学等方面进行了相关研究。这些研究成果，在他的专著《中国朱鹮》中做了详细的介绍。

2001年《中国朱鹮》出版，填补了中国朱鹮保护研究的空白。中国科学院院士、中国鸟类学会理事长、著名鸟类学家郑光美先生认为，《中国朱鹮》一书的出版，标志着中国朱鹮研究取得了可喜的阶段性成果，对于科学有效地保护朱鹮及其他濒危物种具有重要意义，为濒危物种的保护研究提供了宝贵的借鉴经验。

四人保护小组

1981年5月23日，中国科学院刘荫增先生在洋县姚家沟发现了当世仅存的7只朱鹮，陕西省林业厅要求洋县配合做好朱鹮保护工作。6月底，洋县林业局指派路宝忠、赵志厚、陈友平和王跃进组成"四人保护小组"，进驻姚家沟，协助刘荫增先生开展朱鹮保护。7月初，四人保护小组正式进入姚家沟，居住在一处农户废弃的房屋内，开启了他们为之奋斗一生的朱鹮保护事业。

四人保护小组中，路宝忠是唯一的正式职工，其余三人皆是林业局合同制员工，听说被选中去保护朱鹮，个个都感到很荣幸，也觉得很新奇、很兴奋。洋县林业局在选人上可谓煞费苦心，四人都是年富力强的小伙子，对工作充满激情。路宝忠是正儿八经的知识分子，刚参加工作就适逢全国抢救保护大熊猫等野生动物的热潮，被单位选派到西北大学生物系进修学习野生动物保护管理知识，学成归来即被安排保护朱鹮，可谓是专业对口的知识型人才，也是四人保护小组的"领导"。其余三人虽文化程度不高，年龄不大，但都在林场工作

四人保护小组在刘荫增的带领下观察朱鹮　刘荫增 / 摄影

多年，工作认真、吃苦耐劳，且十分熟悉当地环境，这样的人员搭配无疑是最优的组合，十分有利于保护工作的开展。

　　路宝忠一直被外界称为首任"鸟官"，历任朱鹮保护四人小组组长、朱鹮保护观察站站长、朱鹮保护区管理局副局长直至 2014 年退休。在任期间，他带领科研保护人员将朱鹮这一极其濒危的物种拯救了过来，并使其逐渐发展壮大，使朱鹮基本摆脱了濒危的局面。路宝忠先生也是朱鹮保护研究的先行者和带头人，他 1981 年开始协助刘荫增先生观察研究朱鹮，1984—1989 年间配合史东仇先生对朱鹮进行系统研究，其后带领科研团队攻克了朱鹮保护、人工饲养繁育、笼养朱鹮自然繁育、野化放归等重大的世界级难题，多项研究成果荣获陕西省科技成果一、二、三等奖，其主持的"朱鹮拯救与保护研究"

项目荣获 2007 年国家科技进步二等奖，本人亦在人民大会堂接受党和国家领导人的接见和表彰。

"校长"是姚家沟群众对赵志厚的亲切称呼。1984 年是四人保护小组入驻姚家沟的第三个年头，三年里他们与姚家沟的群众建立了深厚的感情，看着到了上学年龄、本该坐在教室里接受教育的孩子因大山阻隔依然在山林间嬉戏，他们心里很不是滋味。在一次闲聊中，几个村民试探性地询问："你们都是文化人，能不能教教孩子认认字？"。路宝忠等人商量后决定，先由具有高中文凭的赵志厚在工作之余教授孩子们识文断字，再申请资金争取建设姚家沟小学，彻底解决孩子们入学难的问题。当年 8 月，朱鹮保护观察站申请到了 1500 元的建校资金，利用刚修建好的朱鹮观察点的一间房屋，添置了课桌、板凳，办

"鸟官"路宝忠（左）与"校长"赵志厚（右）在姚家沟观察朱鹮

起了小学，洋县教育局为支持姚家沟小学的建立，特意安排八里关乡大店村小学的魏芝霞老师前来支教。根据教育局的安排，姚家沟小学只开设一至三年级课程，三年级以后，孩子们必须到山外的大店村小学读书。教育局考虑到姚家沟小学的实际情况，同意了朱鹮保护观察站的建议，任命赵志厚为校长，负责学校的管理工作。1984 年 9 月 3 日，朱鹮小学如期开学，升旗仪式上，几乎所有的姚家沟人都来到了现场，看着徐徐升起的国旗热泪盈眶。

　　"校长"不仅在教育孩子方面非常耐心，是孩子们的好老师、好校长，也是村民和同事眼中的好医生。赵志厚喜欢看书，涉猎也杂，掌握了一些基础的医药知识，这些在缺医少药且闭塞的山村可是救命的技能。村民有个头疼脑热、感冒发烧之类的小病，都要来问"校长"，看怎么能尽快好起来。

　　1988 年，大学毕业分配到朱鹮保护站的席咏梅到姚家沟工作。一天晚上，席咏梅敲开赵志厚的房门，说自己生病了问有没有药。赵志厚问了她的症状，估计得了急性痢疾。可是，他们常备的只有防止蛇虫叮咬和治疗外伤的药物，根本没有治疗痢疾的药物，深更半夜怎么办？赵志厚知道，患急性痢疾的人一旦脱水，后果不敢想象。他一夜未眠，不停地烧开水、凉开水，在凉开水中加入少许食盐，端给席咏梅喝。第二天早上天还没大亮，他就敲开老乡的门，把事先写好席咏梅病症的纸条交给老乡，让赶紧到山外的卫生所找医生买药。机关单位上班后，又第一时间通过电台向单位汇报，请求派车接席咏梅去城里治疗。

10 点左右，老乡将药带了回来，吃过药后，席咏梅的症状减轻了许多，赵志厚随即安排老乡将她护送到山下，12 点多，朱鹮站派来的车辆将其接回县城医院治疗。此时，赵志厚悬着的心才放下来。

四人保护小组一直是朱鹮保护的中坚力量。姚家沟、金家河、三岔河、团山河、白火沟等朱鹮巢区都有他们的身影，每一只朱鹮的成长都有他们付出的艰辛和汗水。常年的野外工作，风餐露宿，不规律的饮食和未能及时治疗的伤病，早早地摧残了他们的身体。王跃进患了严重的肝病，好在他本人乐观开朗，经多年细心调养终于康复。陈友平患严重胃病，曾多次入院治疗，1990 年因在山区突发胃出血晕倒，错失最佳治疗时间，胃被切除了三分之二，出院后仍坚持到管护站工作，本人也多了一个新的名字——"陈新胃"。

"朱鹮妈妈"

有时，我们会不经意间从网络、电视、报纸和杂志上看到关于"朱鹮妈妈"的报道，细心的人会发现，绝大多数报道中的"朱鹮妈妈"都不是同一人。那么，谁才是真正的"朱鹮妈妈"呢？

其实，最早被称为"朱鹮妈妈"的是席咏梅，然后是段英、张军凤等，她们有一个共同的特点——都是女性，都曾从事朱鹮饲养繁育工作，都以女性

席咏梅观察研究朱鹮生长情况　贾连友 / 摄影

独有的温柔、细心呵护着朱鹮的成长，对朱鹮种群的繁荣贡献了自己的力量。
她们都是朱鹮保护的杰出代表。

　　1991 年陕西朱鹮救护饲养中心建成并投入使用，1992 年朱鹮的人工繁育
被提上了工作日程，陕西朱鹮保护观察站聘请了上海动物园饲养科的何宝庆工
程师来指导朱鹮饲养繁育工作，毕业于西北大学生物系的席咏梅被安排到饲养
中心跟随何宝庆学习朱鹮饲养管理繁育技术。在何宝庆的带领下，席咏梅很快
掌握了朱鹮饲养管理知识，并在 1993 年利用野外朱鹮卵成功孵化并育成 1 只
小朱鹮，初步掌握了朱鹮人工繁育技术。1995 年，席咏梅在对野外朱鹮繁殖
行为细致观察的基础上，结合自己所学的生物学知识，改进了朱鹮孵化技术，
提高了朱鹮孵化成功率，成功繁殖雏鸟 3 只。也就是这一年，席咏梅被多家媒
体争相报道，被冠名为"朱鹮妈妈"。

段英正在饲喂朱鹮　张晓峰／摄影

一句"朱鹮妈妈"的背后，是从事朱鹮饲养繁育工作的女性的伟大付出和舍小家为朱鹮的伟大情怀。席咏梅为了朱鹮，狠心将不满周岁的儿子寄养在老乡家中，自己一心扑到朱鹮饲养繁育中，用她的话说，"孩子有老乡照看我放心，而朱鹮只有我照看我才放心"，这才有了朱鹮人工饲养繁育技术的突破，有了朱鹮人工种群的快速发展和壮大。

同样有着"朱鹮妈妈"称谓的段英也有着类似的情怀，1997年参加工作的她，一直工作在朱鹮饲养繁育的岗位上，从距家3千米的朱鹮救护饲养中心，到离家70千米的朱鹮种源基地，都有她忙碌的身影。由于离家远、工作忙，无法照顾到家人，小小的女儿对她多有抱怨，在一次记者采访时，女儿泪眼婆娑地说："妈妈是朱鹮的妈妈……"

"编外朱鹮监护者"

朱鹮的成功保护，离不开保护地群众的积极参与。在陕西汉中洋县，有无数人时刻关注着朱鹮，他们是朱鹮保护的眼睛和手臂，他们的存在拓宽了保护的视野，延伸了保护的触角。他们无需报酬，不计得失，他们自称是"编外朱鹮监护者"。

洋县溢水镇花园村沟深林密，冬水田星罗棋布，是朱鹮繁衍生息的好地方。1993年，一对朱鹮来到花园村余家沟任万枝家门前的大树上营巢繁殖，淳朴善良的任家母子就成了朱鹮的"监护人"，日夜守护着朱鹮。担心朱鹮受到惊吓，他们将看家护院的狗关在了后院，赶牛进出院子时，将牛的铃铛用草塞住，不让它发出丁点声响。

一天下午，一条大蛇偷偷地爬上了朱鹮的巢树，受惊的朱鹮弃巢而去，时至天黑仍未归巢。任万枝怕巢中正在孵化的朱鹮卵受凉损坏，不顾一天劳作的疲惫，爬上树，小心翼翼地取出朱鹮卵，揣进衣服口袋带下树。卵是取下来了，可是怎么保温却难住了他。思量再三后，他决定将朱鹮卵用毛巾包住放在自己胸口，用自己的体温为其保暖，就这样，他怀揣朱鹮卵斜靠在床上对付了一宿。

次日，天还没亮，他就悄悄地爬上树，将朱鹮卵放回巢中。天亮后，朱鹮亲鸟回到巢中，环顾四周发现没有危险后继续孵化，在当年成功孵出两只朱鹮。当地人戏称任万枝不但会种地，还会替朱鹮抱蛋，是"大把式""全把式"！

同样是在花园村，六旬老太婆救助朱鹮的事也广为流传。2019年4月25日上午，正在厨房做饭的史八斤忽然听到外面有狗叫声，年近六旬的她立即跑到门外，发现三只狗正在围捕一只朱鹮。她迅速拾起根棍子赶走了狗，朱鹮耷拉着翅膀挣扎着飞向50米开外的小河，三条狗也紧随其后追赶。史老太婆一边吆喝驱赶狗，一边朝河边跑去，连鞋都顾不上脱就蹚过河水来到对岸，在灌木丛中找到了受伤的朱鹮，将其捉住，轻轻搂在怀里，小心翼翼地抱回家中，

早期的朱鹮保护标语　路宝忠 / 摄影

找来了一个竹笼子，缓缓地把朱鹮放进去，然后立即给朱鹮保护站打电话汇报。保护站工作人员及时赶到现场对朱鹮进行临时救护，并将其送到朱鹮救护饲养中心进行治疗。

群众参与保护朱鹮的事例不胜枚举，感人的事迹每天都在发生。据朱鹮保护局统计，超过 70% 的朱鹮营巢、夜宿信息由群众提供，90% 以上的朱鹮病伤亡信息来自群众的报告，群众的参与让朱鹮保护工作的开展更为顺利，也让朱鹮得到有效保护，他们对朱鹮保护功不可没！

义务宣传员

洋县槐树关乡的蔡河村曾是朱鹮保护区外最大的朱鹮夜宿和繁殖地。2002年，一对朱鹮来此筑巢繁衍，到 2010 年，在此栖息的朱鹮数量高达 160 只，占到了当年野生朱鹮种群数量的 20%。朱鹮选择在此栖息和繁衍，除了看中当地良好的生态环境外，还与一位小学教师爱鸟、护鸟的行为密切相关。

家住槐树关乡蔡河村的蔡正虎是一位乡村教师，他数十年如一日地宣传朱鹮保护的事迹在当地被传为佳话。1988年，外出学习的蔡老师在回家途中经过村口水田时，看到一只体型较大、背部灰色、脸和腿及嘴尖红色的鸟在水边觅食，觉得这只鸟很漂亮也少见，查阅资料后方知是朱鹮，从此与朱鹮结下不解之缘。从那以后，他每次回家，都要驻足向朱鹮曾觅食的那片水田张望片刻，希望看到朱鹮美丽的身影。2002年春天，一对朱鹮来到了蔡河村，选择在他家对面山坡上的树林中筑巢繁殖，从那之后，蔡老师每次在回家和返校的路上，只要看到群众，就跟他们说："朱鹮是国宝，能来咱蔡河村，说明我们这里是风水宝地，大家一定要好好保护它们。"

朱鹮在当时是稀罕物，得知朱鹮在村里繁殖，附近几个村子的"好事者"都来围观，为了不惊扰朱鹮，蔡正虎用随身携带的粉笔在朱鹮巢树附近的石头上和树上写下"请不要惊吓朱鹮"的警示语。他还利用节假日，带着老伴在蔡河村路边的墙头、石壁和村里的宣传栏上刷写了60余幅保护朱鹮的标语。

蔡正虎老师非常注重学生保护意识的培养，也深谙"小手拉大手"的力量。他利用自己当老师的便利，在给学生们讲授自然课（后改为科学课）的过程中，

蔡正虎老师书写的《爱鸟倡议书》　　张跃明/摄影

插入朱鹮的形态特征、生活习性和保护方法等知识，还要求学生把当天讲授的知识讲给父母听。课余时间，他自费买来彩纸，和孩子们一起书写保护标语，放学路上又一同张贴。在他的言传身教和师生们的共同努力下，蔡河村爱鸟、护鸟蔚然成风，无论是老人还是儿童，都能自觉保护朱鹮，为朱鹮营造了一个良好的繁衍生息环境。他撰写的《蔡河的朱鹮》《朱鹮筑巢》等文章被相关杂志刊用，让更多的人了解了朱鹮，扩大了宣传效果。

退休后的蔡老师依然生活在蔡河村，忙碌于朱鹮的保护和宣传工作，为慕名而来的观鸟游客和鸟类爱好者讲述朱鹮保护故事，宣传文明观鸟、护鸟、爱鸟常识。朱鹮已经成为蔡河村的一张名片，群众都说，蔡河村朱鹮种群的存在和扩大与蔡老师的精心呵护是分不开的。

如果说蔡河村的蔡老师是以一人之力担负起了宣传朱鹮的责任，那么草坝村的华英则是以团队的力量开辟了宣传朱鹮的全新之路。

1996年，朱鹮从高海拔的山区首次迁移到低海拔平川地带营巢繁殖，就将巢做在了华英家房后的老榆树上，时任草坝村村委会主任的他，敏锐地意识到这将是改变草坝村形象和农业发展方向的绝佳时机。

他在村民大会上提出：凡有朱鹮筑巢的树木，不得修枝，不能砍伐；凡发现受侵害的朱鹮，第一时间上前护卫并报告村委会和朱鹮保护局；坚决响应政府号召，不在朱鹮巢区附近农田里使用化肥、农药、除草剂。

由于保护得力，这对朱鹮在草坝村定居了下来，并引来了几十只朱鹮夜宿，草坝村一度成了中外游客参观朱鹮、考察朱鹮保护工作的最佳场所。为改变草坝村的村容村貌、改善群众生活条件，朱鹮保护局花巨资为草坝村修建了一条宽4米、长2千米的水泥路。在与朱鹮保护和环境保护人员的接触中，华英了解到保护与发展的矛盾并非不能调和，在保护的基础上发展绿色产业，提高产品附加值，借助朱鹮知名度，巧打"朱鹮牌""生态牌"，实现经济腾飞，才是草坝村长远的发展之路。2002 年，在朱鹮保护局的引领下，华英代表草坝村与世界自然基金会（WWF）和朱鹮保护局签订了开展"绿色稻米"种植的生态保护项目，从而引领了整个洋县生态、绿色、有机产业的发展。

在很长的一段时间里，华英一直在思考如何能让更多的爱鸟人士参与到朱鹮保护的队伍里，自愿为朱鹮保护贡献力量。2006 年，卸任村主任的华英向陕西汉中朱鹮国家级自然保护区管理局申请，成立了洋县朱鹮爱鸟协会。在这面旗帜号召下，迅速聚集起了 100 多名志同道合者，观察记录朱鹮，保护朱鹮及其栖息地环境，也定期为洋县各小学的学生普及朱鹮知识，走上街头宣讲朱鹮保护常识。

2008 年，华英获得世界自然基金会（WWF）资助，在自己家建立"朱鹮人家"观鸟基地。利用这个平台，他与日本、美国、中国香港等 28 个国家和

华英带领小朋友们观看朱鹮繁殖行为　华英 / 摄影

地区数千名专家和爱鸟人士，一起跋山涉水，晨昏守候，一起观察、记录朱鹮的生存、繁衍状况，交流护鸟心得。以影像的独特魅力，向世人展示朱鹮的美丽，展示人与自然和谐共生的生态之道。2005 年、2008 年、2018 年，华英三次受邀飞抵日本，参加中、日、韩三国环境教育研讨会，向国际友人宣传朱鹮，宣讲中国人保护朱鹮的故事。

"万物并育而不相害，道并行而不相悖。"华英和他的团队以朱鹮保护为切入点，唤起更多人热爱自然、保护自然，协力共建万物和谐的美丽家园。

第四篇
成就与影响力
CHENGJIU YU YINGXIANGLI

朱鹮种群数量已超过

1000 只

朱鹮种群自然分布面积超过

16000 平方公里

朱鹮成为中日、中韩和平友好的纽带

张跃明 / 摄影

第一章　保护成就

经过 40 多年的艰辛保护，朱鹮这一物种被成功地保存了下来，种群数量逐步恢复，分布范围日益扩大。截至 2023 年，朱鹮种群数量已超过 11000 只（野生种群 6650 余只，人工种群 2150 多只，野化放归种群 2250 多只），自然分布面积超过 16000 平方公里，朱鹮基本摆脱了濒危状态，实现了"涅槃重生"。

从 7 只到 11000 多只

朱鹮及其栖息地的有效保护，使得朱鹮种群数量和分布范围逐年扩大。野生朱鹮数量已由 1981 年被重新发现时的 7 只，增长到 2023 年的 11000 多只；

如今，汉江湿地经常能见到朱鹮的倩影　段文斌／摄影

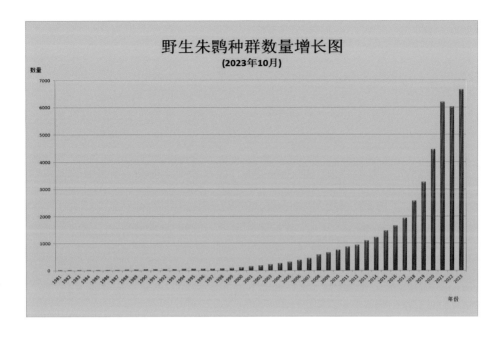

自然分布面积由发现时的不足 5 平方公里，扩散到 16000 多平方公里。简单的数据后面是护鹮人数十年如一日的艰辛付出！他们用自己的青春和汗水，把即将灭绝的朱鹮成功地挽救了回来，并使其种群逐渐恢复和不断壮大。

初看野生朱鹮种群数量增长图，我们在惊叹其种群数量快速增长的同时，也深深地不解：为什么从 1981 年到 1990 年十年间野生朱鹮种群数量几乎不见变化？为什么从 1981 年到 2000 年的二十年间野生朱鹮种群数量增长如此缓慢呢？为什么 2000 年以后野生朱鹮种群数量会如此高速增长呢？

"简单来说，这是一个由量变到质变的过程，具体讲的话，那就是保护方法、策略的成熟与国家生态文明建设政策相融合与发展的结果……"朱鹮保护局正高级工程师、国家科技进步奖二等奖得主、朱鹮保护四人小组组长路宝忠先生说道。

1981—1990 年，被朱鹮保护者称为朱鹮保护初级阶段，即极小种群保护

阶段，这是朱鹮保护极为关键和最为艰苦的阶段。十年间护鹮人殚精竭虑，对每一只朱鹮进行全方位的保护，但是其种群数量一直在 15 只上下徘徊，具体原因从朱鹮保护局的朱鹮保护大事记上可以看出一二。

　　1981 年 6 月 3 日，经林业部批准，朱鹮"华华"由王德成带回北京动物园饲养。

　　1982 年 7 月 17 日，国营四〇五厂工人崔某、黄某在前湾乡老庄村猎杀一只朱鹮。

　　1983 年 9 月 11 日，洋县姚家沟出飞的一只朱鹮幼鸟生病死亡，死因不详。

　　1984 年 1 月 2 日，一只朱鹮幼鸟因胃穿孔死亡在槐树观乡苏王村。

　　1984 年 5 月 16 日，一只朱鹮幼鸟因刮风下雨，从巢中跌落摔死。

　　1985 年 6 月 15 日，三岔河朱鹮雏鸟"青青"由谢钟、陈金兰带回北京动物园饲养。

　　……

　　据统计，十年间除去因疾病、天敌捕食死亡 6 只朱鹮外，人为猎杀死亡 5 只，北京动物园、陕西朱鹮保护站救护或人工饲养捕捉 10 只。短短十年，人为原因竟使野生朱鹮数量减少如此之多！如此巨大的猎杀量和捕捉量，对当时弱小的朱鹮野生种群的影响无疑是巨大的。

　　1991—2000 年，是朱鹮野外种群缓慢增长的十年。从 1991 年开始，繁殖朱鹮数量逐渐增多，其营巢地陆续从海拔 1000 米以上的高山区向海拔 800 米以下的低海拔区域移动，低海拔区域广袤的农田和大量的河流、水塘、沟渠为繁殖期的朱鹮提供了丰富的食物资源，加之洋县全县禁猎和朱鹮保护管理技术的日益成熟，野生朱鹮种群数量缓慢增长，十年间朱鹮种群数量由 1991 年的不足 20 只增加到 100 只。

蛇侵入朱鹮巢　翟天庆／摄影

　　尽管朱鹮数量在十年中有所增加，然而在大自然的生存法则中，蛇对雏鸟的伤害，曾一度使朱鹮野生种群险些陷入生存绝境。

　　1993 年 4 月 28 日中午，余家沟朱鹮巢树上的亲鸟不断鸣叫，叫声急促而紧张，观察人员通过望远镜看到一条如同成年人手臂粗的大蛇，不知何时偷偷溜进巢里缠绕上了小朱鹮。

　　他们赶紧找来梯子和竹竿，使劲地朝巢中的大蛇不停地捅，一番人蛇搏斗之后，蛇被赶走了，但是巢中 2 只小朱鹮却因大蛇长时间的缠绕窒息而亡。这样的事件当年还发生在花园、桃沟等朱鹮巢区，直接导致了当年野外 8 对朱鹮产卵 28 枚，却只成功出飞 1 只幼鸟的惨剧。

　　为什么这样的事情没有在姚家沟、三岔河等高海拔巢区出现呢？这还要

从蛇的生活习性和行为说起。蛇通常取食老鼠、蛙类、鸟类等小型动物，而这些小动物在低海拔区域数量较多，因此低海拔区域的蛇通常也会多一些，这就增加了朱鹮被捕食的风险。另外，蛇爬树通常是用身体缠绕着树呈螺旋状旋转上爬，高海拔的朱鹮巢多建造在胸径 50 厘米以上的大树上，几乎没有蛇能够爬上去，更谈不上危害朱鹮了。而低海拔区域的朱鹮巢区多位于次生林和人工林中，营巢树的胸径多在 20 厘米以下，这就为蛇的攀爬提供了便利。

护鹮人在与蛇的多次较量中，逐渐掌握了蛇的习性和活动规律。他们赶在惊蛰前后，在蛇尚未结束冬眠时，抓紧时间给朱鹮巢树和巢树周围的树木上裹上 2 米高光滑的塑料布，并在塑料布上涂满黄油（机械润滑油），再在塑料布的上方安装上用铁皮制作的半径 1 米左右的伞形罩，这样再厉害的蛇也无法爬上去了。

护鹮人想尽办法阻止了蛇对朱鹮的侵扰，加上当地宣传保护措施深入人心，朱鹮种群数量稳步上升，到 2000 年，野生朱鹮种群数量已达 102 只，是 1990 年数量的 5 倍多。

进入 21 世纪，国家对生态环境日益重视。特别是党的十八大以来，生态文明建设被纳入"五位一体"总体布局，生态优先、保护优先的理念深入人心，加之 2000 年天然林保护工程在秦岭地区全面实施，2015 年陕西汉中朱鹮国家级自然保护区建立，朱鹮保护进入高速发展阶段，朱鹮种群数量快速增长。

从前，只是围绕保护朱鹮这一物种开展工作，现在，从保护朱鹮这一物种，扩大到保护朱鹮的栖息地、营造良好的栖息地生态环境等更大的范围。这种转变使得朱鹮分布地的生态系统得到有效保护，环境质量进一步提升，从根本上改善了朱鹮的繁衍生息环境，朱鹮种群数量进一步增加，分布范围迅速扩大，形成良性生态循环。

2012 年朱鹮野生种群数量突破 1000 只，2020 年达到 4500 余只，2023 年达到 6650 余只。

朱鹮野生种群数量虽然增加了，但还远远不够，朱鹮依然未摆脱濒危局面，需要通过对朱鹮种群结构的研究，全面了解朱鹮群体的年龄结构、不同年龄段的朱鹮数量、各年龄段的性别比例等，及时准确掌握朱鹮种群现状和发展情况，对其进行科学有效的保护。

从年龄层次上分析，2016 年，研究人员对朱鹮野生种群状况进行了研究统计，2 岁以下的亚成体和幼体数量为 673 只，3—12 岁青壮年个体 546 只，13 岁以上老年个体 76 只，从整体情况来看，幼体和亚成体占比 52%，有繁殖能力的青壮年个体占比 42.2%，老龄个体占比 5.8%，处于繁殖前期和繁殖期的个体在种群中占绝对优势，按年龄段划分，该种群属典型的增长型种群。

丁长青等人采用分子生物学方法对当年出生的部分朱鹮雏鸟和收容救护的个体进行了性别研究，发现野生朱鹮雌雄个体基本符合 1∶1 的比例，性别比例合理。

持续多年的朱鹮种群结构研究结果显示，目前的朱鹮野生种群年龄结构和性别比例十分合理，属于年轻的发展型种群。

从前人们费尽车马人力才能寻到几只朱鹮，如今在汉中全境只要走入田野山间，便会经常看见仙姿绝尘的朱鹮在山野间闲庭漫步，在湛蓝的天空中自由翱翔，如云霞，如自由，如希望。

重回大自然

朱鹮人工种群的建立和发展是朱鹮保护领域的一项重大成就。经过数十年的探索，保护研究人员成功解决了朱鹮人工饲养管理、繁育和快速扩繁等诸多技术难题，朱鹮人工饲养繁育取得突破性进展，各地朱鹮饲养种群如雨后春笋般发展起来，种群数量迅速扩大，促进了朱鹮保护事业的快速发展。

　　1986 年，原国家林业部在北京动物园成立了朱鹮饲养繁育中心，先后从洋县捕获 6 只朱鹮幼鸟开展易地保护研究。这是朱鹮人工种群的首次建立。1990 年，原国家林业部批准在陕西省洋县建立陕西朱鹮救护饲养中心，对野外的病伤残弱朱鹮个体开展积极救治，允许利用救助的病伤个体开展饲养繁育研究，从而建立了我国第二个朱鹮人工种群。其后以陕西朱鹮救护饲养中心人工繁育的个体为种源，先后直接和间接建立了日本、韩国和我国陕西周至、河南董寨、浙江德清、四川峨眉山等国内外 20 多个朱鹮人工种群，已成功培育出子 15 代个体，累计繁育朱鹮 4000 余只。近日朱鹮又在山东东营、甘肃小陇山、湖南南山、江西龙虎山等地安家落户。截至 2023 年，饲养个体近 2250 只。

　　目前，在中国以保护为主的 9 个人工繁育基地共饲养朱鹮 1456 只。其中陕西朱鹮救护饲养中心 203 只；陕西省珍稀野生动物救护基地 199 只；陕西宁

陕西朱鹮救护饲养中心　段文斌 / 摄影

陕朱鹮野化放飞基地 44 只；河南董寨国家级自然保护区 56 只；浙江德清下渚湖国家湿地公园 394 只；华南珍稀野生动物物种保护中心 322 只；四川峨眉山生物资源实验站 113 只；河北北戴河国家湿地公园 45 只；四川沐川朱鹮繁育中心 80 只。以展演为主的各类动物园、景区共有 171 只，包括北京动物园 25 只，西安秦岭野生动物园 24 只以及其他动物园、景区 122 只。以其他形式饲养 106 只。在日本，以我国国家领导人赠送、提供的来自陕西朱鹮救护饲养中心的 7 只朱鹮为基础，经过多年繁衍，目前饲养个体 181 只。主要包括佐渡朱鹮保护中心 146 只，佐渡朱鹮体验设施中心 2 只，东京多摩动物园 6 只，石川动物园 7 只，出云市朱鹮分散饲养中心 10 只，长冈市朱鹮分散饲养中心 10 只。在韩国，以我国国家领导人赠送的来自陕西朱鹮救护饲养中心的 4 只朱鹮为建群种，经过饲养扩繁，目前饲养个体 344 只。主要集中在庆尚南道昌宁郡牛浦朱鹮复原中心、丈麻面朱鹮分散饲养中心。

自 2007 年开始，依托于各地朱鹮人工种群，朱鹮野化放归和再引入工程全面实施，国内外各地朱鹮野化放归种群相继建立。

2004 年，陕西汉中朱鹮国家级自然保护区管理局在洋县华阳镇小华阳村进行了朱鹮野化放归实验并获得成功，此后全国各地和日韩两国均以此为模本，相继开展朱鹮野化放归和再引入工程。我国先后在陕西宁陕、铜川、宝鸡、周至，河南的董寨，浙江的德清实施朱鹮再引入工程；日本于 2008 年在佐渡、韩国于 2019 年在牛浦等地也开展了朱鹮野化放归工作。部分放归朱鹮已经适应了放归地的生态环境，在野外成功繁殖出新的个体，放归种群呈稳定发展的态势。截至 2023 年 7 月，野外放归朱鹮种群数量达到了 2153 只。其中，陕西宁陕种群 325 只，铜川耀州种群 100 只，宝鸡千阳种群 51 只，西安周至种群 32 只，河南罗山种群 489 只，浙江德清种群 367 只，中国其他地区合计 83 只；日本佐渡种群 580 只；韩国昌宁种群 126 只。

朱鹮再现东亚

随着野生朱鹮种群数量的不断增长，朱鹮的自然扩散行为日益加剧，目前自然分布面积超过 16000 平方公里。加之，中、日、韩三国各地朱鹮人工种群的建立和野化放归工程的不断实施，朱鹮的分布范围逐步向历史分布区扩展，栖息地面积持续扩大。朱鹮的分布呈现出典型的自然扩散与人为扩散相结合的特征，并具备以下显著特点：

从发现地姚家沟山区扩展到丘陵平川区。1990 年以前， 野生朱鹮繁殖地主要分布在秦岭南坡海拔 1000 米以上的姚家沟、金家河、三岔河等地。自 1993 年起，朱鹮繁殖地逐渐向海拔 800 米以下的低山丘陵地区扩展。1996 年，朱鹮在海拔 400 多米的汉江谷地的洋县草坝村营巢、繁殖，栖息地从山区扩展到丘陵平川地区。2020 年春季野生朱鹮营巢情况调查分析显示，有 87.4% 的朱鹮繁殖地在海拔 600 米以下地区，朱鹮从人烟稀少的山区逐步向人口密集的浅山丘陵区和平川区扩散。

从洋县一隅扩展到秦巴地区。1995 年以来，野生朱鹮相继出现在汉中城固、汉台、西乡、佛坪、勉县、南郑、宁强、留坝，安康汉阴、汉滨、石泉、平利、宁陕、岚皋，商洛镇安，宝鸡太白、千阳等地。野生朱鹮栖息地面积由保护初期的不足 5 平方公里扩展到超过 16000 平方公里。2023 年野生朱鹮营巢数量调查显示，洋县以外朱鹮营巢地主要集中在城固、汉台、西乡等地，营巢数量占营巢总数的 39%；洋县以外朱鹮夜宿地的数量占夜宿地总数量的 60%。

从长江流域扩展到黄河流域。朱鹮野化放飞工程的实施进一步促进了朱鹮分布范围的扩大。从 2013 年开始，陕西省陆续在秦岭以北的铜川市耀州区、宝鸡市千阳县和西安市周至县先后实施了朱鹮的野化放飞，朱鹮栖息地跨过秦岭，从长江流域扩展到黄河流域，从东洋界延伸至古北界。目前，放归朱鹮以渭河及其支流为轴线的分布特征日趋明显，其栖息地范围由放归地向北扩展的直线距离达到 160 千米。

从陕西扩展到全国。自 2007 年陕西在宁陕县实施朱鹮野化放归以来，河南董寨国家级自然保护区和浙江德清下渚湖国家湿地公园先后开展了朱鹮野化放归，在陕西之外的朱鹮历史分布区建立了野化放归种群，为今后继续在全国范围内开展朱鹮易地保护奠定了基础。

从中国扩展到东亚。以外交馈赠为主，加强国际合作，在中国政府的帮助下，日本、韩国先后重建朱鹮人工种群，并分别于 2008 年和 2019 年实施了朱鹮野化放归，放飞个体于 2012 年和 2021 年在野外繁殖成功，朱鹮开始重现东亚历史分布地。

第二章　保护价值

　　每一个物种都是大自然的基本组成部分，是生态系统不可缺少的环节，是全人类共有的重要财富。朱鹮也不例外，它是大自然孕育出的珍贵"礼物"，是生态系统中至关重要的一颗"珍珠"，是与人类相依相伴的好朋友。

　　朱鹮如此重要，人类保护朱鹮的价值和意义也就更加突出。朱鹮的保护价值可以从生态文明角度和传统文化角度审视。

生态文明建设的重要一环

　　朱鹮在中国生态文明建设中有着重要的物种生态价值和生态经济价值。

　　野生动物学家马建章院士曾指出，物种生态价值的评价指标为营养级、

"人来鸟不惊"，朱鹮与人类和谐共生　张跃明 / 摄影

自然生产力、稀有程度、进化程度和自然历史标准。按照此五项标准，对朱鹮的生态价值进行评估，可以认定朱鹮是一个具有极高生态价值的物种，对于维护自然生态系统的平衡具有十分重要的作用。

营养级标志着物种在食物链中所处的地位等级和物种单位生物量的生产所消耗的物质和能量的大小和多少。一个物种的营养级越高，其单位生产所消耗的物质和能量就越大，其生态价值就越高。因此，物种的生态价值与营养级呈正相关。朱鹮在自然界天敌较少，主要食物包括鱼类、两栖类、甲壳类及田螺、蜗牛等软体动物，蚯蚓等环节动物，蟋蟀、蝼蛄、蝗虫、甲虫以及一些水生昆虫和昆虫的幼虫等，偶尔采食一些植物的根茎和嫩芽。可以认为，朱鹮在食物链中处于接近顶端的位置，是营养级较高的物种，生态价值较高。

自然生产力标志着物种繁殖和保存自己的能力，繁殖力越低，物种的生态价值越高。在自然状态下，朱鹮一年仅产卵 1 窝，每窝 2—4 枚卵，每对朱鹮亲鸟年均育成出飞雏鸟 2.3 只，而且当年出飞幼鸟越冬期死亡率高达 30% 以上。综合计算，一对朱鹮夫妇一年仅能育成后代 1.6 只左右。由此可见，朱鹮的自然生产力较低，因而具有较高的生态价值。

稀有程度是衡量物种价值的核心数量标准，与物种的生态价值呈正相关。俄罗斯远东地区、日本和朝鲜半岛的"本土"野生朱鹮已经绝迹，中国的朱鹮也一度濒临灭绝。如今的朱鹮依然是世界上最为稀有的鸟类之一。毫无疑问，朱鹮的稀有程度和由此判别的物种价值当属最高之列，其生态价值也高。

进化程度和自然历史标准是评价物种的质量标准，但又是相互矛盾的两个标准，前者标志着对环境变化的抗争能力，后者则标志着对环境变化的适应能力。进化程度标志着物种作为一个有机结构的复杂程度和功能的完善程度。一般来说，进化程度越高，意味着它在自然的进化阶梯中的地位越高，物种的生态价值也就越高。因此，对动物物种做质量评价时，必须和数量标准相结合，

洋县朱鹮栖息地自然环境　赵纳勋 / 摄影

做出综合评价分析。朱鹮在动物分类学上隶属于鸟纲鹮形目鹮科。鹮科鸟类属于很古老的物种，从油页岩中发现的鹮类化石表明，其生活在距今约 6000 万年前，同时期的大多数种类早已灭绝，现存的仅有 12 属 26 种。作为鹮类这一古老鸟类类群中为数不多的现生种，朱鹮不仅表现出了一定的对环境变化的抗争能力，同时也表现出一定的对环境变化的适应能力，综合来看，朱鹮有较高的生态价值。

朱鹮是重要的生态指示物种。朱鹮的生息繁衍需要森林和湿地两大生态系统的共同支撑，朱鹮对环境变化极为敏感，其个体行为和种群动态均能反映出许多环境信息，能指示和判断自然环境的类型及生态环境质量。保护朱鹮，重点在于保护它赖以生存的栖息地环境，保护对人类生存同样至关重要的森林生态系统和湿地生态系统免遭破坏，同时共建人与朱鹮和谐共存的生

在汉江活动的国家二级保护鸟类白琵鹭　张跃明／摄影

态环境，推进生态文明建设。朱鹮种群的衰退和复壮的历史，就是其栖息地生态环境从遭受破坏到保护恢复的重要历史见证，是人类生态文明建设发展的一个缩影。

物种的生态价值更多的意味着物种与环境、物种与生态系统之间的关系，还意味着物种对生物圈的贡献和付出。经多年的调查研究发现，朱鹮在稻田觅食的昆虫主要是黄腰斑虻、二化螟、水虻、长脚蚊成虫和稻大蚊幼虫、虻幼虫、黑步行虫、稻苞虫、稻飞虱、潜叶蝇、稻螟蛉、负泥虫等，这些均是危害农作物的常发性害虫。从朱鹮的食谱来看，朱鹮是实实在在的"农田卫士"，在促进农作物健康生长、维护农田生态系统的稳定方面发挥着重要作用。

此外，因为保护朱鹮，洋县"举全县之力，拯一国之宝"，实施了一系列保护和恢复生态环境的措施。经过40多年的努力，洋县生态环境不断改善，在朱鹮得到有效保护的同时，国家重点保护的珍稀鸟类黑鹳、中华秋沙鸭、白琵鹭等纷纷亮相朱鹮保护区，这里已成为全球生物多样性最为丰富的地方

之一，被誉为全球同纬度地区最适合人类居住的地方，是人与自然和谐共存的典范。

从生态经济价值角度来说，一方面，保护朱鹮带动了生态旅游的发展。朱鹮主要分布区洋县，利用朱鹮及其栖息地优美的自然景观、丰富的人文景观，打造出了观鸟小镇和朱鹮梨园、华阳长青2个AAAA级景区，设计了观鸟、摄影、观景、生态体验、森林康养、农业观光、农事体验等多条旅游线路，促进了万人就业，带动了当地餐饮、住宿、购物、娱乐等多项产业的发展，产生了极大的经济价值。据统计，2022年洋县全年共接待游客1158.6万人，旅游收入达51.6亿元。此外，铜川引进朱鹮后，重新构建了绿水青山新环境，实现了城市生态经济的成功转型和发展。浙江下渚湖、河南董寨、广东长隆等朱鹮引入地，以朱鹮观赏为主的旅游体验活动也开展得如火如荼，这些地方成为观鸟摄影爱好者和生态体验、生态旅游者的必到之地，为当地政府和企业带来的经济价值更是不可估量。

另一方面，在朱鹮栖息地开展生态农业和有机产业，具有其他地区无法比拟的区位优势，具有广阔的市场和极高的认可度，"朱鹮有机产业"享誉海内外。

近年来，无论是朱鹮的原生地洋县，还是各个引入地，都在利用朱鹮极高的认知度，抢抓机遇打造"朱鹮"品牌，提升农产品及其深加工产品的附加值，提升经济效益。洋县积极引导有机生产企业组建产销联合体，统一使用"朱鹮"商标，鼓励扶持企业在各大城市设立洋县朱鹮品牌产品专柜、营销网点，不断利用朱鹮品牌提高洋县有机产品的市场认知度和美誉度。目前仅洋县就注册了包括稻米、水果、黑米酒、食品等"朱鹮牌"商标6大类50余种，洋县认证有机产品达15大类85种，种植规模15.1万亩，总产量3.8万吨，实现产值13.3亿元，有机基地面积居全省第一，"朱鹮"和"有机"品牌成为洋县最耀眼的两张名片。

传统文化中的朱鹮魅力

朱鹮是自然界中极为特殊的动物物种，具有极高的美学价值和特殊的文化内涵。

朱鹮的美学价值体现在自然美、韵律美、意蕴美三方面。朱鹮具有得天独厚的自然美。它是一种中型涉禽，体态秀美典雅，行动端庄大方。裸露的脸颊和胫爪部皮肤呈朱红色，黑色的长喙轻度弯曲，喙尖一点朱红，一身羽毛白里透红，脑后枕部数根柳叶状冠羽披散在颈脖之上，双翅腹侧和尾羽下侧闪耀着朱红色的光辉，显得淡雅而美丽。朱鹮的行为姿态体现出了独特的韵律美。它飞翔时，低头颔首，颈部前伸，腿向后展藏于尾下，双翼鼓动缓慢有力，十分潇洒。觅食、行走时步履轻盈，略微迟缓，显得娴雅而矜持。休息时，头上的冠羽随风飘动，更加美丽动人。意蕴美是人类通过后天培养而感知的美，它一方面取决于物种所包含的意蕴信息之多少，如自然、社会、文化、历史、神话等；另一方面取决于这些意蕴信息的组织规律及人们对这些规律的了解程度。朱鹮在久远的古代被归入旋目，见于文献记载已有2000多年的历史，不仅在《禽经》《史记》《上林赋》《汉书注》《本草纲目》等古籍中有所记述，就连民间也流传着大量的传说和故事。"红鹤""吉祥鸟""爱情鸟"等称谓，就是最真切的写照。在日本，朱鹮有"桃花鸟""仙女鸟"等美称，在世界上更享有"东方宝石""东方鸟类明珠"的美誉。这些都体现了朱鹮独特的意蕴美。

朱鹮以其特有的自然美、韵律美、意蕴美被历代文人骚客所吟咏，产生了独有的文学价值。《尔雅·释鸟疏》记载："楚威王时，有朱鹭合沓飞翔而来舞，则复有赤者，旧鼓吹《朱鹭曲》，是也。"汉初有朱鹭祥瑞之说，故以朱鹭形饰鼓面，朱鹮遂成"鼓精"，因而《乐府诗集》里《鼓吹曲辞》汉鼓吹

《铙歌十八曲》的第一支鼓吹曲就是《朱鹭》。又因朱鹭祥瑞，古人常用朱鹭图案装饰车辇、屏风、衣物等。

有关朱鹮的诗作较多，成诗年代也相对较远，许多诗歌被录入《乐府》之中，谱曲传唱，广为流传。

汉代诗作《朱鹭》写道："朱鹭，鱼以乌。路訾邪鹭何食？食茄下。不之食，不以吐，将以问诛者。"假借咏鼓，以勉励进谏者要敢于向皇帝尽情吐露忠言。西汉著名历史人物苏武在《朱鹭》一诗中写道："玉山一朱鹭，容与入王畿。欲向天池饮，还绕上林飞。金堤晒羽翮，丹水浴毛衣。非贪葭下食，怀思自远归。"借朱鹮抒怀，"怀思自远归"，似乎在冥冥中注定了诗人身处胡地，远望故里，十九载持节不变，终回故乡。

南朝梁诗人王僧孺在《朱鹭》一诗中写道："因风弄玉水，映日上金堤。犹持畏罗缴，未得异凫鹥。闻君爱白雉，兼因重碧鸡。未能声似凤，聊变色如珪。愿识昆明路，乘流饮复栖。"此诗流丽谐婉，辞采华丽，言朱鹮寓自己，堪称经典。南朝宋著名的思想家、天文学家、音乐家何承天所作的《朱路篇》云："朱路扬和鸾，翠盖耀金华。"盛赞以朱鹮为装饰的华车之美。南朝陈末代皇帝陈叔宝在其诗中亦写道："参差蒲未齐，沉漾若浮绿。朱鹭戏苹藻，徘徊流涧曲。涧曲多岩树，逶迤复断续。振振虽以明，汤汤今又瞩。"被认为是他自己的人生写照。

唐朝文学空前繁荣，被誉为诗歌的"黄金时代"，关于朱鹮的诗作也是最多的，许多诗作和佳句为世人所铭记。诗人张籍在《朱鹭》中写道："翩翩兮朱鹭，来泛春塘栖绿树。羽毛如翦色如染，远飞欲下双翅敛。避人引子入深堇，动处水纹开滟滟。谁知豪家网尔躯，不如饮啄江海隅。"可以说是对朱鹮日常活动和行为姿态描写最为生动形象的佳作。初唐诗人宋之问在《鲁忠王挽词》（三首）中写道："稍看朱鹭转，尚识紫骝骄。"温庭筠在《题西平王旧

陕西画家严肃创作的朱鹮牡丹图

赐屏风》中有"朱鹭已随新卤簿，黄鹂犹湿旧池台"之句。可见在唐朝，朱鹮图案是重要的饰物，足见当时世人对朱鹮的喜爱。唐代诗人、画家、鉴赏家顾况在《送使君》中写道："他日思朱鹭，知从小苑飞。"借朱鹮抒发思念之情。

　　明清时期是我国文学发展的一个重要时期。这一阶段同样有很多文人雅士咏赞朱鹮。元末明初著名诗人、文学家、书画家、戏曲家杨维桢在《松月轩》中写道："丈人爱青松，手植西门内。风声度玉笙，林影翻朱鹭。仙鬼夜读骚，衣客秋吟句。丈人燕坐余，海月生东树。"明初著名军事家、政治家、文学家，明朝开国元勋刘基在《朱鹭》诗中写道："朱鹭来，玉山巅。赪翁引，缥臆延。朱鹭来，艳流霞。饮赤水，食丹砂。朱鹭来，炎德加。威昆明，滇僰化。朱鹭来，集太液，帝锡祐，荒广斥。朱鹭来，烨煌煌。挟鹓雕，媒凤凰。朱鹭来，皇之辉。神笑滨，无穷期。"明末文学家陈子龙在《朱鹭》中写道："朱鹭，翔以栖。心何谋邪？在我梁，在我堤。彼君之圃乐泠泠，中有鸳鸯凫鹥。不见茹，上冒之，鱼翳清浅。何用食，进一言，陛下大称善。"

　　到了近现代，随着环境的变迁，朱鹮经历了由常见到濒危的历史性转折，朱鹮在文学作品中出现的频率也随之减少。20世纪80年代，朱鹮被重新发现

舞剧《朱鹮》剧照　丁海华／摄影

并得到有效保护，种群数量得以恢复。新时代的诸多书画家、文学家开始以朱鹮为主题开展创作，代表作品有陈忠实先生的《拜见朱鹮》，上海歌舞团创作的舞剧《朱鹮》等。

朱鹮的历史变迁和重新发现富有传奇色彩，朱鹮的保护历程更是不断丰富着朱鹮文化的内涵。40多年的保护工作筚路蓝缕，几代护鹮人数十年如一日的辛勤付出和艰苦努力，才有了今天种群的复壮。朱鹮及其栖息地的保护，有效改善了当地的生态环境，提升了社区群众的生活质量，使人与自然和谐共生的愿景变成了现实，是国人所憧憬的"天人合一"的至高境界，这是朱鹮文化植根于中国传统文化的根脉所在，也是对"绿水青山就是金山银山"的最好诠释。

朱鹮保护成功挽救了这个几近灭绝的极小种群，创造了拯救濒危物种的世界奇迹，提升了中国在世界生态保护领域的话语权。1994年，时任国务委员兼国家科委主任宋健在考察朱鹮保护工作时说："朱鹮的保护非常成功，为中国科学界争了光。"中国科学院院士、鸟类生态学家郑光美指出："朱鹮保护是拯救濒危物种的成功典范。"

中国科学院院士、著名鸟类学家郑光美先生题写"朱鹮保护是拯救濒危物种的成功典范"

通过朱鹮保护，朱鹮栖息地的生态环境质量明显提升，社区群众的经济收入有了一定的增加，民众的生活环境满意度、自豪感和幸福指数不断提高，极大地促进了社会稳定与安定团结。同时，朱鹮的栖息地又是我国"南水北调"和"引汉济渭"两个世纪工程的重要水源地，生态环境的保护，特别是污染治理和汉江流域湿地保护，为"一江清水送北京"和"八水润长安"做出了无可比拟的巨大贡献。

第三章　友好使者

朱鹮从被重新发现的那一刻起，就吸引了全世界的目光，围绕它展开的一系列保护行动联动国际，它无可争议地成为一条特殊的纽带，推动着国家和民间的相互交流。

朱鹮的成功保护，离不开充分的国际合作，也促生了以朱鹮为媒介的对外友好交流。朱鹮更是作为国礼，多次被国家领导人赠送给日本和韩国，帮助其建立和恢复野外种群。此时此刻，朱鹮——这一珍贵的物种，早已超出物种本身，成为连接全世界保护生物多样性行动的桥梁和使者。

国际关注与发展

早在 1970 年前后，时任日本环境厅政务次官大鹰淑子女士就曾写信给中国林业部，了解中国朱鹮情况并提出朱鹮"联姻"的设想。1978 年，邓小平同志访问日本时，日本首相福田赳夫正式请求中国开展朱鹮调查并就朱鹮保护开展政府间合作。

1981 年，朱鹮在秦岭被重新发现，立即引起了国内外生物学界和国际保护组织的高度关注，美国、德国、英国、日本、韩国等国外专家学者纷纷到朱鹮栖息地进行考察并开展合作研究。同年 10 月，日本环境厅与中国林业部确定了两国合力拯救朱鹮的意向。

1985 年，日本环境厅、日本鸟类保护联盟等政府和科研组织派遣专家与中方研究人员共同研究商榷，确定实施中日朱鹮联合保护项目，并为朱鹮保护提供相关设备。

国际鸟类联盟专家组在洋县考察朱鹮保护工作 路宝忠/摄影

　　1989 年 6 月，德意志联邦共和国布莱姆基金会向朱鹮保护站捐赠 2 套无线电跟踪仪，用于朱鹮活动监测，并诚邀中方研究人员前往德国学习交流。

　　其后的十余年间，中日、中德、中美、中韩之间就朱鹮保护开展了多项政府间、民间和学术界的全方位、多层次的合作交流，共同致力于朱鹮保护，极大地促进了朱鹮保护事业的发展。

　　进入 21 世纪，朱鹮拯救获得阶段性成果，种群数量迅速壮大，朱鹮的保护由单一的物种保护迈向栖息地生态环境保护和人与朱鹮和谐共存地区环境的营造，以及朱鹮异地种群建立和再引入种群构建等。许多国际合作项目相应而生并迅速开展。

　　WWF 朱鹮保护区"绿色水稻"种植项目、JICA 中日人与朱鹮和谐共存地区环境建设项目、朱鹮保护区自豪项目、中韩朱鹮保护项目等一批国际合作项目迅速实施，有效保护了朱鹮及其栖息地生态环境，推进了区域性生态环境

中方研究人员在日本东京交流朱鹮保护情况　路宝忠／摄影

文明建设。同时以日本、韩国朱鹮的引入和种群重建为目的的交流合作蓬勃发展，中国通过相应的政治渠道向两国赠送或提供朱鹮个体和饲养管理、繁育技术，帮助其建立人工种群。中日、中韩双方也多次在朱鹮保护管理和野化放归等方面开展合作交流。2008 年，日本借鉴中国朱鹮野化放归成功经验在佐渡实施了朱鹮再引入工程，成功构建了野外种群。

　　2011 年 5 月，在朱鹮栖息地洋县召开了朱鹮保护 30 周年国际研讨会，中、日、韩三个国家朱鹮保护管理部门和朱鹮保护研究领域的专家、学者等相关人士参加了会议。与会代表就朱鹮保护拯救、人工饲养繁育和野化放归工作情况进行了交流和研讨。会议的召开增进了各国间朱鹮保护研究方面的沟通和了解，达到了相互借鉴提高的目的，成为继续推进朱鹮研究保护事业健康发展的里程碑。

　　追随朱鹮倩影，聚焦世界关注。2018 年 5 月，首届朱鹮国际论坛在陕西省汉中市洋县举行。中、日、韩、俄等国地方政府代表、朱鹮保护机构代表、有机企业代表、贸易机构代表、专家学者和客商代表近 200 人参加论坛。论坛期间，中、日、韩三国朱鹮保护机构、农业、旅游、商贸等部门和组织围绕朱鹮保护、有机产业、生态旅游、商贸等领域进行了深入交流与探讨，并发布了《首届朱鹮国际论坛洋县宣言》。将朱鹮的保护、政府间交流，产业合作和商贸、文化等以朱鹮为纽带和载体的多方合作推上了一个全新的高度。

中日韩"朱鹮外交"

朱鹮在中日友好交往上一直扮演着"国礼"和"政治明星"的角色，发挥着独有的政治价值。为了挽救濒临灭绝的日本本土朱鹮，日本政府更是多次租借中国朱鹮与日本朱鹮配对，但由于日本朱鹮年龄老化和饲养管理等问题，一直未能取得成果。

1985 年，中国政府出借在陕西洋县发现的 7 只朱鹮之一的"华华"到日本，与日本雌性朱鹮"阿金"配对，然而最终因"阿金"年老体衰失去繁殖能力而失败。

1990 年，日本政府将其本土雄性朱鹮"阿绿"送往北京动物园与中国朱鹮"姚姚"配对，因为"阿绿"老迈无繁殖能力，"姚姚"产下的卵均为无精卵而宣告失败。

1994 年 9 月 27 日下午，搭载朱鹮"龙龙"和"凤凤"的国际航班准时降落东京成田机场，短暂停歇后这对朱鹮再次搭乘直升机飞到了佐渡朱鹮饲养中心。这是中国政府租借给日本

朱鹮"华华" 路宝忠 / 摄影

的一对朱鹮，也是继朱鹮"华华"之后到日本生活的中国朱鹮，它们担负着挽救日本朱鹮、续写中日友好的历史使命。

"龙龙"和"凤凤"是陕西朱鹮救护饲养中心人工繁殖的子一代朱鹮，已经在该中心成功繁殖了2年，产出了6只小朱鹮，是该中心配对关系最稳定、繁殖能力最好的一对朱鹮。按照中日双方的协议规定，朱鹮"龙龙"和"凤凤"将在日本生活3年，繁殖后代，3年后必须回归祖国。所有人都对它们寄予厚望，希望它们能在日本开枝散叶、书写传奇！然而，事与愿违，1994年12月13日，"龙龙"突然死亡了。"怎么会这样？正值壮年的'龙龙'死了！"陕西朱鹮救护饲养中心的人们怎么都不愿相信这是真的。

"龙龙"的死，让陕西的护鹮人伤心不已，也让日本的朱鹮梦再度破裂。但是日本人还是不死心，他们再次与我国政府商议，留下"凤凤"一年，与他们21岁的雄性朱鹮"阿绿"配对，企图繁殖出下一代，借以挽救濒临灭绝的日本朱鹮。1995年4月中旬，"凤凤"陆续产下5枚卵，日本媒体欣喜若狂，广泛宣传报道，可是佐渡朱鹮保护中心对5枚卵孵化一段时间后，发现都是无精卵，自然没能见到一只小朱鹮出生。他们的"阿绿"太老了，已经没有繁殖能力了。日本人的朱鹮梦破碎了。

1995年6月9日，"凤凤""龙龙"的皮毛姿态标本和骨骼标本在日本环境厅生物课长小林光先生等4人的护送下，从日本佐渡返回中国西安。去时成双成对，回时孤苦伶仃！所有接收"凤凤"的工作人员心里都充满着无限惆怅和无尽酸楚。他们接过装运"凤凤"的木箱，小心翼翼地将它放入隔离笼舍，并在它的食盆内放上它最爱吃的泥鳅，默默离开。在座谈会上，小林光先生代表日方回顾了"龙龙"和"凤凤"在日本生活的情况，在介绍到"龙龙"的意外死亡时，小林光几度哽咽并向中方人员深深鞠躬表示遗憾。在场的中方人员也一度泪眼婆娑，几名女饲养员更是掩面哭泣。

日方介绍"龙龙"是受到无名刺激在铁笼中乱飞乱撞，造成头部和颈部重伤，经抢救无效而死亡的。中方的专家通过日方提供的"龙龙"受伤死亡的照片和饲养环境影像资料认为，"龙龙"死亡的原因更多是日方管理不善造成的。他们未给"龙龙"和"凤凤"提供安全的饲养笼舍，主要是没有在钢网笼舍内侧加装具有缓冲作用的防撞软网，致使"龙龙"受惊后直接撞在钢网上，导致喙和头颈部严重受伤死亡。"龙龙"的死亡，是中日所有关注朱鹮的人们心中永远的痛！

四年之后的 1998 年，国家主席江泽民访日，开启破冰之行，应日本天皇的请求，答应将朱鹮"友友""洋洋"作为国礼赠送给日本，用于日本朱鹮种群的重建。

得到消息的日本举国沸腾！他们马上组团来中国考察学习。这次日本人学"聪明"了，他们知道短时间内很难全面学习并掌握朱鹮饲养管理和繁育技术，他们将陕西朱鹮救护饲养中心的朱鹮笼舍布局、结构、内部陈设、饲养管理情况等统统拍照、录像带回日本，完全按照中国朱鹮饲养环境建造笼舍。同时向中国政府提出，邀请中国朱鹮饲养繁育专家、陕西朱鹮救护饲养中心主任席咏梅女士到日本负责朱鹮饲养繁育工作，直至小朱鹮育成。

1999 年 1 月 30 日咸阳国际机场贵宾厅，中国政府向日本政府赠送朱鹮的交接仪式正式举行。国家林业局外事司副司长刘洪存等中方代表作简短致辞，日本环境厅政务次官栗原博久致辞表示，他们一定会全力以赴保护好朱鹮，让它们作为两国友好的桥梁持续发挥作用。交接仪式后，"友友"和"洋洋"在席咏梅等人的护送下乘专机前往日本。

"友友"和"洋洋"在席咏梅和日本饲养人员的精心照料下，很快适应了当地的生活。1999 年 3 月中旬，他们双双出现灰色的繁殖羽，正式进入繁殖期。4月 21 日，"洋洋"产下了第一枚卵，4 月 23 日、25 日和 28 日陆续产下 3 枚卵。

赴日本前生活在陕西朱鹮救护饲养中心的"友友"与"洋洋"　路宝忠 / 摄影

5月3日，第一枚卵破损，剩余的3枚卵孵化到21天时，席咏梅将它们取出放入孵化器中进行人工孵化。5月21日东京时间15时30分，"友友"和"洋洋"于4月23日产的那枚卵成功孵出了一只小朱鹮！这一刻，所有的工作人员热泪盈眶！日本人翘首以盼了20多年的朱鹮终于出生了！这是朱鹮在日本重新成功繁殖的历史性时刻！尽管这只朱鹮是中国朱鹮的后代！这一天就连日本NHK电视台也立即中断了正在直播的被他们称为"国粹"的相扑比赛，插播朱鹮出生的消息。

　　经过全国征名，小朱鹮被命名为"优优"，尽管与他的父亲"友友"的名字有点相似，但丝毫不影响它在日本国人心中的地位。"优优"的出生，让每个日本人都激动不已，但一时的激动过后，他们又陷入了深深的焦虑之中，"优优"成年后怎么办？难不成孤独终老或是和自己的兄妹"近亲结婚"？无论哪种结局都是他们不能接受的。

　　2000年朱镕基总理访日，应日本政府请求，中国政府决定在朱镕基总理访日前夕，提供一只雌性朱鹮"美美"给日本，与"优优"配对，开展合作繁殖。合作繁殖协议约定，"美美"每年繁殖后代的奇数个体返回中国……

2007 年温家宝总理访日，2018 年李克强总理访问日本，都向日本提供朱鹮开展合作研究。为改善在日朱鹮的基因，防止近交衰退，中国政府陆续为日本提供了"华阳""溢水"和"楼楼""关关"两对朱鹮，对日本朱鹮种群的繁盛和野外种群的重建给予了大力支持。

在国家高层互访的同时，中日民间交流也在积极开展，以朱鹮为媒介的保护合作、学术交流和民间交流活动从未间断。1989 年，日本鸟类保护联盟村本义雄先生来朱鹮栖息地考察，首次向朱鹮保护站捐赠 10 万日元和一本朱鹮专著《能登的朱鹮》。此后，这位长者 30 年来一直多方募集资金，一如既往地支持朱鹮保护事业。1998 年，基于朱鹮情缘，中国朱鹮原生地洋县和日本朱鹮最后的栖息地佐渡（新穗村）结为友好城市，随后汉中市与新潟县结为友好城市，地方政府间的交流学习互访迅速升温。

直至今日，每年都有中日地方友好城市间的交流互访和两国民间组织的学术交流、环境保护互动以及两国间的中小学生互访交流活动开展，从未间断。

除了中国与日本围绕朱鹮开展外交及民间活动之外，中韩之间以朱鹮为纽带的交流也备受两国领导人重视。2008 年 8 月，胡锦涛主席访问韩国时应李明博总统请求，向韩国赠送一对朱鹮，用于韩国朱鹮种群的重建和中韩两国朱鹮保护合作研究。2013 年 12 月，韩国总统朴槿惠访华期间与中国国家主席习近平签订了中韩谅解备忘录，中国再次向韩国赠送两只朱鹮。洋县与韩国庆尚南道的昌宁郡双双缔结为友好城市，开展广泛的交流合作。朱鹮见证并有力推动着中日、中韩友好关系的发展。

一只朱鹮孤独地站在冰封的河滩上　庆保平/摄影

附录 I

世界鹮科鸟类简介

鹮科鸟类是十分古老的物种，从油页岩中发现的鹮类化石表明，早在距今约 6000 万年前，它们就静静生活在地球上。十分遗憾的是，大多数种类早已灭绝，现存的仅有 12 属 26 种，且很多处于濒危状态，甚至有些种类已经在其以往的分布区消失。在这里，我们将世界鹮科鸟类做一简要介绍。

一、朱鹮

朱鹮营巢于松树、栎树等高大的乔木上，觅食于水田、河流滩涂、沼泽和池塘水库的库尾湿地。非繁殖期集群夜宿于树林中。全球性濒危物种，中国 I 级

朱鹮 姚毅 / 摄影

重点保护动物，已被列入 CITES 附录 I，曾广泛分布在亚洲东南北部，东迄日本列岛，西至中国甘肃、青海两省交界处，北起俄罗斯西伯利亚西南部，南抵中国台湾。20 世纪中期以来，由于湿地退化、森林砍伐、农药化肥的广泛使用和人为干扰等原因，其数量急剧减少，并相继在俄罗斯、朝鲜和日本灭绝。目前唯一的野生种群生存于中国陕西省洋县，数量持续上升，截至 2023 年底，数量约为 6650 余只，人工饲养和野化放归种群分布于中国、日本和韩国，总数近 4500 只。

二、非洲白鹮

非洲白鹮生活于内陆淡水湿地、灌溉沟渠、草地、耕地、海岸滩涂和海岛，有时活动于人类的生活环境，如庭院、屠宰场和垃圾场等，通常集群（2—20 只，最多达到 300 只）觅食。集群营巢于乔木灌丛、裸地或海岛裸石上。窝卵数 2—5 枚，通常 2—3 枚，孵化期 28—29 天，育雏期 35—40 天。繁殖成功率较低，平均每窝出飞幼鸟少于 1 只。主要分布于非洲及伊拉克东南部、埃及、马达加斯加。在非洲是常见鸟类，繁殖对数约为 2000 对。在埃及曾经有约 1 500 000 只，但已于 1850 年全部灭绝。

三、黑头白鹮

黑头白鹮生活于开阔的沼泽、湿地、河流和湖泊沿岸、水田、闲置耕地、潮湿草地、潮间带泥滩、红树林和盐碱礁湖。觅食时集成中等或大型群体，头、颈常常浸没水中。有时与

黑头白鹮　崔多英/摄影

水牛一起活动，觅食被其惊起的昆虫。与其他鹳形目鸟类或鸬鹚集群繁殖，巢用树枝搭建于水面上空或附近，通常没有内垫物。黑头白鹮是全球性近危物种，分南亚、东亚和东南亚3个种群，主要分布于巴基斯坦、尼泊尔、印度、斯里兰卡、中国东北、越南、印度尼西亚爪哇和苏门答腊、缅甸、泰国和菲律宾。由于栖息地破坏等原因，种群数量正在下降。1991年的调查表明，印度有2417只，斯里兰卡685只，孟加拉国252只，缅甸730只。东亚种群估计数量少于100只，中国将其列为国家Ⅱ级重点保护野生动物。

四、澳洲白鹮

澳洲白鹮主要分布于澳大利亚及其周边地区。生活于内陆湿地、植被丰富的浅水沼泽、潮间带滩涂、红树滩涂、草地和耕地等生境。是澳洲的常见鸟种，集群繁殖，最大的繁殖群体超过20 000对，数量有上升的趋势。

澳洲白鹮　韦宝玉／摄影

五、蓑颈白鹮

蓑颈白鹮颈部羽毛像美丽的蓑衣，主要分布于澳大利亚及其周边地区。生活于草原、耕地、灌溉区、开阔森林和浅水沼泽。集群营巢，繁殖时间

蓑颈白鹮　韦宝玉／摄影

受降雨的影响波动很大。是澳洲数量最多、分布最广的类群，最大繁殖群体有数十万对。在澳洲的分布范围有拓宽的趋势，种群数量相对稳定。

六、黑鹮

黑鹮通体体羽为深褐色，肩部具有白色斑块，腿红色，颈部有浅蓝色斑块。生活于远离湿地的草原、耕地，有时活动于河滩、沼泽。单独营巢于棕榈或其他大叶树上。主要分布于巴基斯坦、尼泊尔、印度，可能在缅甸西部也有分布。在印度和尼泊尔南部比较常见，主要威胁来自湿地退化和农业发展。

七、白肩黑鹮

白肩黑鹮生活于沼泽、水田和其他耕地、草地、湖泊河流边缘。单独营巢于树上，全球性极危物种，在中国被列为国家Ⅱ级重点保护野生动物。曾经广泛分布于缅甸、中国西南、印度和印度尼西亚辖下加里曼丹岛，现在的分布范围已大为减少，仅限于越南南部和印度尼西亚辖下加里曼丹岛，可能也出现于柬埔寨。1989年在加里曼丹岛发现12只；亚洲东南部长期未有记录，直至1991年在越南发现3只。农业灌溉导致的湿地退化、持续的战争是导致亚洲东南部白肩黑鹮数量下降的最主要原因。

八、巨鹮

巨鹮生活于低地、湖泊、沼泽、水田、开阔的平原林地。全球性极危物种，很可能已接近灭绝。曾经广泛分布于印度，现在仅有少量个体分布在越南南部，也可能分布在柬埔寨。曾经繁殖于泰国中部和东南部、柬埔寨、老挝南部和越南南部。最近在越南发现少数个体，这可能是野外残存的唯一种群。湿地的退化、猎杀和战争是主要致危因素。

九、隐鹮

隐鹮生活于干旱、半干旱平原以及带有悬崖石坡的高原、耕地和高海拔草原。营巢、栖息于海岸或河流附近的悬崖上，集群繁殖。全球性极危物种，历史上广泛分布于中东、阿尔卑斯山脉、欧洲南部和埃及。现在主要繁殖于摩洛哥。以前有种群繁殖于土耳其西南部，越冬于阿拉伯半岛、埃塞俄比亚和索马里北部，于 1989 年灭绝。近年来在阿拉伯西南和也门又发现一些纪录。该物种数量在 20 世纪急剧下降。

十、秃鹮

秃鹮生活于高海拔（1200—1800 米）地区，喜欢在低于腰腹高的草地觅食。集群繁殖于靠近湿地的悬崖。全球性易危物种，种群数量稀少，主要分布于南非东南部高地。由于湿地的退化、过度放牧、人类的猎杀等原因，该物种的数量在 20 世纪初急剧下降。自 1970 年以来，种群数量稳定在 5000—8000 只。

十一、橄榄绿鹮

橄榄绿鹮生活于稠密的低地森林、沼泽森林、河流和红树林附近。主要分布于利比里亚、喀麦隆、加蓬、刚果以及肯尼亚和坦桑尼亚山脉。种群数量稀少或不详。

十二、斑胸鹮

斑胸鹮生活于低地森林、河流、沼泽附近。单独繁殖，除了干旱季节，全年均可繁殖，产卵高峰期在 3—5 月和 9—12 月，一般不在 7—8 月产卵。主要分布于利比里亚、喀麦隆、加蓬、刚果和安哥拉东北部。种群数量较少，有关该物种的资料很少。

十三、噪鹮

噪鹮生活于开阔的草地、森林溪流、耕地和大型庭院，较少活动于沼泽地。单独营巢，繁殖期持续很长，主要在雨季和雨季过后。噪鹮主要分布于塞内加尔、刚果、肯尼亚、赞比亚、苏丹、埃塞俄比亚、乌干达、坦桑尼亚等。

十四、肉垂鹮

肉垂鹮生活于埃塞俄比亚 1500—4100 米的高地。经常活动于河流附近的悬崖、开阔地带、沼泽、耕地和林地。主要在雨季后集群繁殖，有时也单独繁殖，主要分布于埃塞俄比亚高地。

十五、铅鹮

铅鹮披着一身灰色羽衣。主要分布于玻利维亚、巴西中部、巴拉圭、阿根廷北部和乌拉圭。生活于开阔的草原、农田、沼泽，单独繁殖。目前对该物种所知很少。

十六、黄颈鹮

黄颈鹮主要分布于哥伦比亚、委内瑞拉、玻利维亚、巴西、阿根廷和乌拉圭。生活于海拔 1000 米以上的开阔农场、森林、沼泽和湖泊滩涂。常在旱季繁殖，集小群营巢于河流附近的树上或悬崖，巢的体积较大。

十七、黑脸鹮

黑脸鹮主要分布于厄瓜多尔高地、秘鲁、玻利维亚、智利、阿根廷等国。生活于开阔的草原、翻犁耕种的农田、潮湿的山谷、干旱的农场、河滩沼泽、森林、有少量植被的沙地，集群营巢于悬崖。在智利和阿根廷的南部较常见，在秘鲁海岸和智利北部稀少。

十八、长尾鹮

长尾鹮主要分布于哥伦比亚、委内瑞拉、圭亚那、巴西等地。生活于湖泊、河流边缘、潮湿的草地和泥泞的稻田，营巢于树上。种群数量不多，没有大群体的纪录。

十九、绿鹮

绿鹮主要分布于哥斯达黎加、巴拿马、哥伦比亚、委内瑞拉、圭亚那、厄瓜多尔、秘鲁、玻利维亚、巴西、巴拉圭和阿根廷。栖息于潮湿、泥泞的森林地带，森林沼泽和林间河流。营巢于高大的树上，巢由树枝稀疏地搭成。不同分布区的种群数量相差较大，在有些地区常见，但在有些地区则稀少。

二十、裸脸鹮

裸脸鹮生活于开阔潮湿的草原、沼泽、稻田、河流滩涂和森林湿地。单独或呈松散群体繁殖。营巢于浓密的灌丛或树上。主要分布于哥伦比亚、厄瓜多尔、巴西、委内瑞拉、圭亚那、苏里南、玻利维亚、巴拉圭、阿根廷、乌拉圭及亚马孙河流域。分布的地域性很强，但比较常见。

二十一、美洲白鹮

美洲白鹮整个喙部都是红色，通体白色，腿以下为红色。生活于咸水或淡水沼泽、河流入海口、潮间带泥滩、红树沼泽、翻犁后的农田和森林湿地。集群繁殖于红树岛屿或淡水湿地中植被良好的小岛。主要分布于美国加利福尼亚州、卡罗来纳州及墨西哥、哥伦比亚、委内瑞拉和秘鲁。

二十二、美洲红鹮

美洲红鹮通体红色，羽色就像熟透了的西红柿，又像红色的辣椒，热烈

美洲红鹮 曹普 / 摄影

奔放。生活于红树沼泽、泥泞的河流入海口、潮间带泥滩、淡水湿地、浅水湖泊、鱼塘和水田。集群繁殖于红树岛屿和内陆湿地的乔木或灌丛上。繁殖期变动较大，多在雨季。主要分布于哥伦比亚、厄瓜多尔、委内瑞拉、圭亚那、巴西沿海及亚马孙三角洲、特立尼达岛。种群数量较多，但呈下降趋势。

二十三、彩鹮

彩鹮属于小型鹮类，体羽大部位青铜栗色，头顶、头侧、前喉等均有紫绿色光泽，尾羽黑色。生活于浅水湖泊、河流、池塘、潮湿的草原、稻田、灌溉的农田。栖息于远离湿地的大树上。集群营巢于淡水或咸水湿地中较高的芦苇中，或湿地附近低矮的树木和灌丛上，巢以芦

彩鹮（幼体） 姚毅 / 摄影

苇或灯心草紧密搭成。中国国家 Ⅱ 级重点保护野生动物。是世界鹮类中分布最广的一个物种。主要分布于欧洲南部、非洲、亚洲中部和南部，巴布亚新几内亚、澳大利亚及大西洋沿岸、北美、西印度群岛和委内瑞拉。种群数量较多。

二十四、白脸彩鹮

白脸彩鹮生活于淡水沼泽、池塘、稻田、湿润草地、灌溉农田以及河流湖泊的边缘地带。集群营巢于湿地附近植被良好的岛屿上，巢以芦苇搭成。主要分布于美国、墨西哥沿海、玻利维亚、巴拉圭、巴西、智利、阿根廷和乌拉圭。在部分地区数量较多，但在其他一些地区由于杀虫剂的使用导致数量下降，全球数量约上百万。

二十五、秘鲁彩鹮

秘鲁彩鹮主要分布于秘鲁高地、玻利维亚、智利、阿根廷。生活于沼泽湿地、草原、泥滩、池塘、溪流，集群营巢于较高的芦苇中。在秘鲁和玻利维亚很常见，20 世纪 70 年代在秘鲁有 8000 只的纪录。

二十六、凤头林鹮

凤头林鹮生活于马达加斯加原始森林，偶尔可见于红树林。单独营巢，巢大而平坦，距地面 7—15 米，搭建于树木主干上。主要分布于马达加斯加岛。由于森林的砍伐和猎杀，种群数量呈不断下降趋势，属全球性近危物种。

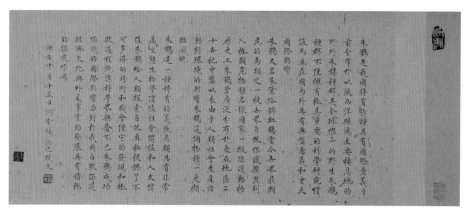

附录 II

《牧鹮谣》

刘荫增

　　洋州有红鹤，冠名曰朱鹮。筑巢于岩树，涉戏在河滩。春锄随犁后，觅食禾苗前。农家喜其祥，世代用相传。

　　因逢"大跃进"，改掉冬水田。伐木大炼钢，巢卵岂存焉。为避时之乱，举家去深山。沟深冷彻骨，洞曲觅食难。物种险尽没，

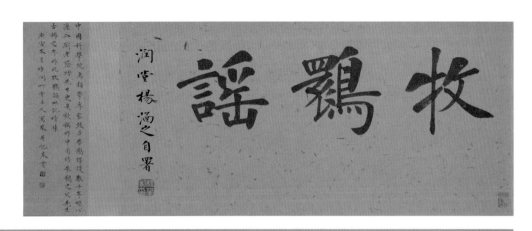

唯盼换人间。

　　我有何所为，亦不侍农桑。肩挎干粮袋，踏察走四方。只因为朱鹮，几越秦川岗。寻迹姚家沟，闻鹮鸣凄凉。残存仅七只，虽喜更黯伤，种群濒灭绝，何以言复壮！

　　权作护鹮人，深知路漫长。尤谢乡里助，天时亦肯帮。县府急通告，媒体广传扬。更有四青年，同把重任当。念此歇肩时，如愿已有偿。

　　牧鹮八年奠基业，游子回京奔父丧。一别红鹤二十载，梦里洋州做故乡。

附录Ⅲ

古诗文中的朱鹮

朱　鹭

［南北朝］　王僧孺

因风弄玉水，映日上金堤。

犹持畏罗缴，未得异凫鹥。

闻君爱白雉，兼因重碧鸡。

未能声似凤，聊变色如珪。

愿识昆明路，乘流饮复栖。

朱　鹭

［南北朝］　裴宪伯

秋来惧寒劲，岁去畏冰坚。

群飞向葭下，奋羽欲南迁。

暂戏龙池侧，时往凤楼前。

所叹恩光歇，不得久联翩。

朱　鹭

〔南北朝〕　张正见

金堤有朱鹭，刷羽望沧瀛。

周诗振雅曲，汉鼓发奇声。

时将赤雁并，乍逐彩鸾行。

别有翻潮处，异色不相惊。

无名诗

〔南北朝〕　陈叔宝

参差蒲未齐，沉漾若浮绿。

朱鹭戏苹藻，徘徊流涧曲。

涧曲多岩树，逶迤复断续。

振振虽以明，汤汤今又瞩。

朱　鹭

〔唐〕　张籍

翩翩兮朱鹭，来泛春塘栖绿树。

羽毛如剪色如染，远飞欲下双翅敛。

避人引子入深堑，动处水纹开潋潋。

谁知豪家网尔躯，不如饮啄江海隅。

送使君

[唐] 顾况

天中洛阳道，海上使君归。

拂雾趋金殿，焚香入琐闱。

山亭倾别酒，野服间朝衣。

他日思朱鹭，知从小苑飞。

五贶诗·五泻舟

[唐] 皮日休

何事有青钱，因人买钓船。

阔容兼饵坐，深许共蓑眠。

短好随朱鹭，轻堪倚白莲。

自知无用处，却寄五湖仙。

题西平王旧赐屏风

[唐] 温庭筠

曾向金扉玉砌来，百花鲜湿隔尘埃。

披香殿下樱桃熟，结绮楼前芍药开。

朱鹭已随新卤簿，黄鹂犹湿旧池台。

世间刚有东流水，一送恩波更不回。

松月轩

[元] 杨维桢

丈人爱青松，手植西门内。

风声度玉笙，林影翻朱鹭。

仙鬼夜读骚，衣客秋吟句。

丈人燕坐余，海月生东树。

朱 鹭

[明] 刘基

朱鹭来，玉山巅。赪翁引，缥臆延。

朱鹭来，艳流霞。饮赤水，食丹砂。

朱鹭来，炎德加。威昆明，滇棘讹。

朱鹭来，集太液。帝锡祐，荒广斥。

朱鹭来，烨煌煌。挟鹓雕，媒凤凰。

朱鹭来，皇之辉。神筴演，无穷期。

朱 鹭

[明] 陈琏

朱鹭来，集天池。丹为裳，砂为衣。

朱鹭来，色光华。耀晨曦，映晴霞。

朱鹭来，自丹丘。紧赤凤，可同游。

朱鹭来，际时雍。神筴演，庆无穷。

朱鹭来，彰有德。和气充，百福集。

朱鹭来，协嘉祥。登瑞图，煊有光。

朱 鹭

[明] 穆孔晖

刷羽春塘寂，腾身碧落遥。

碧鸡非我友，白雉任谁招。

海僻丹霞满，嵓深绿树饶。

沙岸曝朝日，蒲流戏晚潮。

朱 鹭

[清] 姚燮

鹭咽咽，鼓渊渊，中心摇摇，罔止而悬。

我不能舞，鹭不能语。

鹭能语，风凄凄。

鹭无衣，月明孤飞，噫吁嚱！